なぜ、

あの会社だけが
選ばれるのか?

成功し続ける会社がやっている
たった3つの仕組み

Masashi Uto
宇都雅史
インターネット・ビジネス・フロンティア代表

ビジネス社

はじめに『なぜ、あの会社だけが選ばれるのか？』

今、もっとも成長していると言ってもよい市場に身をおく筆者が、この謎を解明すべく、本書の企画がスタートしました。


「あの会社、いつまで成長し続けるの？」

「うちの会社と、あの会社、どこが違うの？」

「ネット通販って、本当に儲かるの？」

「TVの〝力〟って、そんなにスゴイの？」

「これ以上、何をやったらいいの……」


1度くらいは、考えたこと……ありますよね？

今よりもさらに上を目指すための、「疑問」や「悩み」は、数え上げればきりがありません。

ところが……

このような悩みや疑問とは、一切無関係な企業があります。

「100年に1度」と騒がれている大不況の中……

・100%成長を遂《と》げ、年商370億円を超えたアパレル系ECサイト
・設立6年目にして、年商300億円を突破した石鹸を販売する通販事業会社
・店舗、マスメディア、ECを活用し、年商300億円に迫る化粧品会社
・設立8年目にして、GMP取得を目指し自社工場を建築した健康食品会社

実際にこのような会社が存在しています。

「いったい、どのようなことをしているの？」

正直、そう思いませんか？

本書の企画がスタートして、筆者もわかったことなのですが、毎年成長が続く、7兆円（※1）のEC市場だからこそ、「勝ち組・負け組」がはっきり分かれ、そして、「勝ち組の全貌《ぜんぼう》」がハッキリしています。

今日の〝消費パターン〟は、周知のとおり、**消費者完全主導型**です。

その背景には、〝あらゆる情報〟の入手を可能にしたインターネットの存在があります。

化粧品など、商品に関するクチコミに始まり、いまや、飲食店を探す際も、「ネットでクチコミ情報を入手してから予約をする」など、「調査」という行動パターンが、消費行動に組みこまれているのです。

つまり……

消費者は、より良いサービスを受けるために、自主的に情報を探し、企業を選んでいるのです。

「自動車産業」と肩を並べるほどの存在となったEC市場。**EC市場は、まさに、〝選ぶ〟**

ことに、もっとも長《た》けた消費者が集まる市場だと筆者は考えています。

当然、どこよりも、環境変化が激しい市場だと感じます。参入障壁の低さから生まれる競合サイトの増加、効果的なマーケティング手法の競争激化など、市場の外からでは理解できないことも多々存在しています。

このようなEC市場を俯瞰《ふかん》してみると、継続的に活躍する企業には、〝選ばれ続ける〟ために必要な〝モノ〟を、しっかりと構築していました。

企業理念、思想、表現力、マーケティング・メソッド……

「選ばれる」ために必要なモノは、実にさまざまです。その全貌をお伝えするのが本書の役割です。そのために、これまでの弊社の経験を整理し、弊社のお客様をはじめ、どうしても聞きたい企業には、忙しい合間を縫って、インタビューに協力していただきました。

そしてたどりついたのが、

「選ばれる」ために必要なモノの本質は、あらゆる業界に活用できる。

という結論でした。

本書は、大きく分けると次の3つのテーマに分かれています。

1）ＥＣ市場における、「選ばれ続ける企業」の本質と要素

2）消費行動を意識した、具体的な表現構築方法とプロセス

3）選ばれ続ける、具体的なＥＣサイト構築・運営方法

前半は、あらゆる業界の方でも流用できる内容に。そして、後半は、ＥＣサイトで成果を達成するために必要な手法を、具体的な実例を交えて、細かく紹介しています。

素晴らしい商品・サービスというのは、私たちを幸せにしてくれます。

本書を読んでいただける皆様が、選ばれ続ける企業の本質と、具体的な手法を深く理解してくださり、皆様の素晴らしい商品が世界中に流通し、笑顔があふれる世の中へと進む一助となることが、本書の望みです。

※1　2009年10月経済産業省発表による、「平成20年我が国のIT利活用にかんする調査研究」によると、2008年には6兆890億円と発表されている。また、株式会社野村総合研究所の調べでは、ECの市場規模は2009年では6兆5744億円、2010年には7兆6636億円となり2014年には、11兆9573億円と予測されている。

第1章　選ばれ続ける会社と、そうでない会社との違い

第2章 成長ECサイトの構築プロセス

第3章

最適な集客手法を確立する

第4章

効果的な運営方法を確立する

第1章

選ばれ続ける会社と、そうでない会社との違い

国内最大級のファッション総合サイト「ZOZORESORT」の強さに迫る

社歴が浅く、急成長を遂《と》げているネット企業・通販企業というと、どんな特別なことをやっているのか？　と、思いこんでいる人が多いようです。

実は、非常にシンプルです。

それを証明してくれる、企業を1社ご紹介したいと思います。

選ばれる続ける会社は、いつもシンプル

2010年3月期には商品取扱高370億円を超え、営業利益率も約20％の国内最大級のファッション総合サイト「ZOZORESORT」を運営する株式会社スタートトゥデイをご紹介したいと思います。

はじめにお伝えしておきますと、多くのメディアが取り上げる〝情報〟と言えば、表面

的な業績や手法にフォーカスしがちですが、本書では、そのような表面的な部分は、二の次、三の次です。

2004年、お洒落な社長室に通してもらい、ソファーに腰を下ろし、ソファーの横にある、無造作に置かれた表彰状に目を向けると、国際NGO「ワールド・ビジョン・ジャパン」からの感謝状がありました。

「へー、ボランティアに興味を持たれているんだ」

これが、私が、はじめて持った、同社の前澤友作社長への印象でした。

あれから6年が経ちますが、良い意味で昔から同社の経営スタイルは、まったく変わりません。同社を取り巻く環境が大きく変わっても軸がまったくブレません。

ここでは、その根本をご紹介したいと思います。

そして、その根本から、これからの「通販」「ＥＣ」における大切な〝コト〟を感じ取っていただきたいのです。

それでは、早速、継続的に選ばれ、愛され、成長を続ける、その謎に迫りたいと思います。

千葉県の幕張にオフィスを構える同社は、２００７年に東証マザーズに株式公開を果たし、現在に至るまで自然に、かつ、継続的に成長しています。また、同社の継続的な成長を証明するのは、何も業績だけではありません。

顧客から支持されていることを証明するデータが業績のほかに存在します。早速、業績面以外のデータをお見せしたいと思います。

調査対象は、同社が運営するＥＣサイトの名称「ＺＯＺＯ」というキーワードが世の中でどれくらい認知されているかという視点です。

ネット上で、認知度を調べる指標の１つに**「月間検索回数」**が存在します。

企業名、サイト名で、月に何回検索されているか？　という指標です。検索されている回数が多ければ多いほど、認知されているということが証明できます。

今回調査に使用したのは、グーグルキーワードツール（※）です。

このサービスは、グーグルで検索されたキーワードと検索回数を、いつでもだれでも無料で調べることができるものです。

※グーグルキーワードツール
https://adwords.google.co.jp/select/KeywordToolExternal

こちらのツールを利用して、「ＺＯＺＯ」というキーワードを調査してみたところ、月間約50万回。（２０１０年3月）２００７年に調査した際は、約10万回だったので、３年間で「ＺＯＺＯ」というキーワードの検索回数が約5倍になりました。

この要因としては、次の３つが考えられます。

①過去にサイトに訪れた人や購入してくださった人が、再訪問する際に検索する。
②広告やブログ・友達からの紹介で「サイト名称」を知って、検索する。
③テレビやマスメディアで取り上げられ「サイト名称」を知って、検索する。

ちなみに、メジャーリーガーのイチロー選手の「イチロー」の検索回数が55万回（2010年1月）。「ZOZO」が月間58万回ですから、独立系ECサイトでは驚異的な数値で、その影響力の大きさを理解することができます。

また、同じくグーグル社が提供している無料サービス「グーグルトレンド」。
http://www.google.co.jp/trends
こちらのサービスは、検索回数の推移をグラフで確認することができます。

「グーグルトレンド」で確認したところ（http://www.google.co.jp/trends?q=zozo）、「ZOZO」の検索推移は、順調すぎるほど右肩上がりで増えていることがわかります。

ＴＶやマスメディアに取り上げられ、検索回数が一時的に急増するケースはよくあることですが、「ＺＯＺＯ」のように長い期間、継続的に検索回数が増えているということは、どういうことでしょうか？

それは、提供している商品やサービス、企業としての在り方など、何か顧客の心に響くポイントがあって、永続的に応援している人が存在するということにほかなりません。

いったい、その要因はどこにあるのでしょうか？

それは、だれもが実践できる非常にシンプルなことでした。早速、その謎を解き明かしてみたいと思います。

仕事をするというよりも、仲間とキャンプに行く感覚

「急成長の要因は？」という質問に対して「特別なことは一切何も行っていません」とはっきり言いきる前澤社長。仕事をしているというよりも「仲間とキャンプに行くような感

覚」。焚《た》き火担当者がいて、野菜を採りに行く人がいて、魚を釣る人がいる。やがて、それぞれのグループやミッションが生まれ、パーティーがはじまり利益が出る。組織が自然に生まれ、業績が後からついてくる。そうみずからの会社を語ってくれました。

では、このような社風を持つ同社の活動の「軸」となっているものは何なのでしょうか？

それは、「企業理念」、「経営理念」にありました。

世界を平和に。そのために、いい人をいっぱいつくり出す組織に

同社には、企業理念と経営理念の2つの「軸」が存在します。企業理念とは、企業が存在する意味、企業がやっていきたいこと。そして経営理念は、企業理念を実現するための手法。このように位置付けられています。同社が掲げる企業理念と経営理念は次のとおりです。

企業理念「世界中をカッコよく、世界中に笑顔を。」

経営理念「いい人をつくる」

【企業理念】
「世界中をカッコよく、世界中に笑顔を。」
MAKE THE WORLD A BETTER PLACE, AND MAKE PEOPLE SMILE ALL OVER THE PLACE.
【経営理念】
「いい人をつくる」
MAKE PEOPLE BETTER
株式会社スタートトゥデイのホームページ

この2つの軸が、まったくブレない経営スタイルにつながっているのです。同社が実現したい社会。それを応援したいと思う社内メンバー、取引先、メディア、そして顧客。

「うちで購入してくださるということは、うちの何かに響いてくれているのだと思っています。その結果、〝物を購入する〟という行動で応援してくださっているのでは？　個人的にはそう感じています」と語る前澤社長。

「2つの軸」が、具体的に「企業活動」へと発展していくのか？

その結果、どのように業績が自然に

伸びているのか？

同社には参考になる点が数多くあります。本書では、特に参考になる点をご紹介したいと思います。

必然的に生まれた「ZOZOARIGATO」

同社の2つの軸（企業理念・経営理念）を象徴する1つのサービスがあります。

それが、「ZOZO ARIGATO」 http://arigato.zozo.jp/ です。

同サイトの利用者が、家族や友達、恋人などに向けて「ありがとう」をテーマとしたコメントを投稿すると、1件につき10円が同社から国際NGO「ワールド・ビジョン・ジャパン」へ寄付されます。

投稿された「ありがとう」の記事は、だれでも閲覧が可能です。

「ZOZOARIGATO」の立ち上げの経緯を前澤社長は次のように語ります。

「会社として社会へどのような形で貢献できるのか？ そのようなことを考えていた時、

コンセプトに「共感」した人が集まるZOZOARIGATO。
家族、友達、恋人などへの「ありがとう」のコメントであふれている。

最終的にたどりついたのが『いい人が育つ環境』をつくることではないか、ということだったのです」

「いい人が育つ。つまり『あたたかい心を持つ人』が育つ環境」

「あたたかい心・気持ちが生まれる時ってどのような時だろう？と考えてみると、感謝された時、感謝を伝える時じゃないかな？

それなら、その場所をつくろう。このような流れでZOZOARIGATOは誕生しました」

「本来、人が持っている『ありがとう』という感謝の気持ちを表現する行為を覚醒させることで、企業理念につながるのでは？　と考えました」

実は、このような企画には予想外の副産物があります。同社は意図的に行ったわけではないのですが、「ありがとう」のコメントが増えることでＳＥＯ（※）という切り口においても絶大な効果が生まれます。

それには、いくつかの要因がありますが、本書の第３章で解説したいと思います。検索エンジンは情報量の多いサイトを好みます。情報量の多いサイトには、ありとあらゆるキーワードを検索するネットユーザーを集客することが可能になるのです。

※ＳＥＯ……「Search Engine Optimization」。ヤフーやグーグルなど検索エンジンの検索結果において上位に表示されるための手法。

大切なことは、「物」ではなく「心」を売るという思い

「広告モデルとして成立しそうだから」

「今、流行っているからメディアが騒いでくれそう」

このようなビジネス的な意図が感じられるサイトをいくつも見てきましたが、それらは、例外なく終息しています（最近の例では「セカンドライフ」〈ネット上の3D仮想世界〉など）。

「ZOZOARIGATO」に存在するたくさんの「ありがとう」の記事を読んでみると、他の人が投稿した「ありがとう」の記事へ感想を述べている人も存在します。「ありがとう」というテーマで「人」と「人」が、「心」でつながっているのです。実にあたたかい気持ちになれます。

「〝物を購入する〟という行為でうちの会社を応援してくださっているのでは?」という前澤社長の言葉が腑《ふ》に落ちるのは、私だけではないはずです。

「『アパレル業界で問題になっているのが、〝在庫〟の問題。大量生産をしたが売れない。売れないのでセールを開催。セールでも売れないとアウトレットへ、ここまでして売れない商品は廃棄へ……。このような負の循環を断ち切りたい。

『経済的成長』を追求することで起こる『弊害』。しかしながら、世の中をよくするための影響力・発信力を持つためには、経済的成長なくして語ることはできない。したがって、経済的結果を残し続け、『発信力』・『影響力』を持ちたい。経済的成長の矛盾点を広く世の中に伝えたい」そう語る前澤社長。

同社に象徴的なエピソードがあります。

「N」「O」「W」「A」「R」

2007年12月11日。「経済的成長なくして語ることはできない」この言葉どおり同社が見せてくれたセレモニーを紹介したいと思います。上場を記念して鐘を鳴らす同社の経営陣が手にしていたのは、黒のカラースプレーでした。報道陣の前で、白いTシャツを着た経営陣ひとりひとりが鐘を鳴らす前に胸に刻んだ文字。

それが、「N」「O」「W」「A」「R」でした。

2007年12月11日、スタートトゥデイの株式公開日。東京証券取引所にて。

「世界を平和に」同社の想いを株式公開という記念すべきパブリックカンパニーに名を連ねた日に、力強いメッセージを社会に発信したのです。

調べたわけではないですが、おそらくこのようなセレモニーを行った上場企業は、日本初ではないでしょうか？　周囲の反応に臆することなく、各メディアから注目を集める日に、今までどおり同社の存在理由を堂々と発信してくれたのです。

「大手サイト、大手企業は参考にならないのか？」

先程ご紹介した、「ＺＯＺＯＡＲＩＧＡＴＯ」の話を聞いて、「成長している企業だからでしょう……」という、反応をされる人もいるでしょう。

確かに、成長できたから、サイトという「形」として誕生できた。

というのも事実でしょう。

ただ、今のように、「形」として表現されていませんでしたが、前澤社長も、スタートトゥデイさんも、昔から、このような気持ちや、思いがあったのも真実です。

この気持ちや思いがあったからこそ、商品選定、サイト、サポートに通じ、お客様から応援された。その結果、成長して「ＺＯＺＯＡＲＩＧＡＴＯ」という「形」として世に生まれた。

「特別なことは何もしていない」という前澤社長の言葉から、そう感じずにはいられないのは、私だけでしょうか？

選ばれ続ける会社と、選ばれない会社との違いとは？

「これ以上、何をやったらいいのだろう……」

このような悩みを抱えている企業は少なくないでしょう。

何をやっても裏目に出てしまう。

「あの会社が成功しているのは、きっとこうだ。いや、きっとこうかもしれない」

まさに、蟻地獄状態。もがけばもがくほど、何をやっていいのかわからない。こんな状態に陥ったことがある方は多いですよね。


特に、クライアント様からの相談で多いのが、他社比較です。

「自社のサイトと比べると他社のサイトは充実している……」

確かに、実際にそういうケースもありますが、多くの場合、コンテンツの充実さではなく、サイト訪問者の心が動かない〝無機質なサイト〟であることが問題であったりします。

自分のサイトとなると、一生懸命になり、客観視できなくなるのも理解できますが、〝何が不足しているのか？〟という本質を見つめることができない人が多いのではないでしょうか？

そこで、当社がお手伝いさせていただきながら学んだ、選ばれない会社（ＥＣ事業者）と選ばれ続ける会社（ＥＣ事業者）との違いをまとめてみました。耳の痛い方もいるかもしれませんが、それはそれでいいと思うのです。どんな会社も、サイトも、少しずつ思考や行動の変化が生まれ、一歩ずつステップアップしていくものです。一番大切なことは、まずは、自分自身と向き合うことではないでしょうか？

そういう意味では、ここから確認する「選ばれない会社５つのマインド」は、自問自答するきっかけになると思います。

良し悪しという基準ではなく、ただ現状を淡々と確認をしてみてください。

選ばれない会社5つのマインド

1.「儲かりそうだから」という理由だけで、今の事業を行っている

利益率が高いから、今、流行っているから、倉庫の効率が良さそうだから……。

このようなマインドだけの事業者の方とお会いすると、不思議なことに、問題点の根本の原因を理解することができずに、悩まれている方が多いようです。

悩んだ末に出す結論は、顧客離れが発生する施策を選択してしまい、原因がわからずに、再び悩む。このようなケースを幾度となく見てきました。

2.「あれもこれも」手を出してしまう

「○△□という手法を、最近よく耳にするのですが、どのように活用すればよいのでしょうか?」という質問を受けることがあります。

不思議なことに、「キホン」の「キ」すら実践できていない企業にかぎって、新しい手法や情報に動きたくなるようです。ネット事業を営んでいると、さまざまな情報が飛び込

んでくるので仕方がない面もありますが、幻想の中でサイト運営を行っている方が多いように感じます。

3.「コントロール」できると思っている

「こういう仕掛けをつくったのですがどうでしょうか？」

このように、サイト訪問者をコントロールして売上を上げるための仕掛けやテクニックについて、質問をいただくことがあります。

このような方の頭の中は、あえて汚い表現をすると、「どうやって買わせるか？」ということだけのために働いているようです。

4．いつも「他責」である

「あの広告代理店からの提案がダメだった」「あの広告がダメだ」

実際にそうかもしれません。しかし、それでは非常にもったいないように感じます。常にだれかの責任探しをしてしまう人は、次のステージへ進むためのヒントに気付くことができず、何も得ることができないまま、同じようなことを繰り返しているようです。

本質的に、「だれ」と「何」と向き合わなければいけないのか？　責任をほかに探してしまう人は、大切なことに、気付けなくなってしまっているようです。

5.「先入観」や「個人的価値観」が強い

根拠のない先入観や個人的な価値観を会議の場に持ちこむ人は、成長が停滞し、苦しんでいる人が多いようです。このようなタイプの方は、機会を逃してしまう人が多いのが特徴的です。インターネットの最大のメリットの1つに、何度でも低コストでテストを行えるという点があります。それにもかかわらず、偏った先入観や個人的価値観を会議に持ちこみ、イタズラに時間を費やしたり、機会を失っている企業も多いようです。

さて、ここまで、〝伸び悩むＥＣ事業者〟の特徴をマインドにフォーカスして整理してみました。

「あっ、自分のことだ……」と思われる方もいらっしゃると思いますが、問題ありません。仕事柄、クライアント様のサイトを丸ごとお預かりして、運営のご支援を行っているのですが、正直なところ〝伸び悩むＥＣ事業者〟のマインドになってしまうこともあります。

言い訳になってしまいますが、人間ですから、当然のことです。

しかし、それを言っていては進歩がありません。これから紹介する「選ばれ続ける会社のマインド」を受け入れ、ご自身の内面に少しずつ浸透させていくことが、無理のないサイト運営への一歩となります。

それでは、成長し続けるEC事業者の共通点について、一緒に確認していきましょう。

選ばれ続ける会社5つのマインド

共通キーワードとして浮かんでくるのは、「感動」や「共感」です。演出した感動ではなく、相手に合わせた共感でもなく、自然発生する感動・共感です。

1.「先義後利」

先義後利とは、文字どおり、商売の王道である顧客の満足という「義」を最優先とし、利益は後からついてくるという考え方です。商品の品質、顧客サポート、各社によって対象となるテーマはさまざまですが、ベースには、〝ホンモノ〟の追求が必ず存在しています。

また、仮に計画どおりに事が進まなくても、自分自身と向き合い、軸をブラさず、お客様は何を望んでいるのか？　自分たちは、本当に期待に応えることができているか？　ということに全神経を集中させている方が多いようです。

2. 揺るぎない「柱」

揺るぎない「柱」とは、平たく言えば「経営理念」や「企業理念」といった何のために企業が存在しているのか？　という企業の在り方を支える部分です。選ばれ続ける会社の「柱」には、自然と応援される要素を持ち備えています。

顧客や商品、そして従業員や社会との関わり方など……、そのすべてにおいて、応援される要素を持っており、やがて自然と喜びが伝播します。そこにはコントロールといった〝支配〟的な要素や関係は存在せず、まるで導かれるかのように、自然に成長している会社が多いのが事実です。

3.「よく考え」まずは、「やってみる」

成長し続ける会社（EC事業者の方）は、事前に「よく考える」タイプの方が多いように感じます。自分自身の「柱」や考え方というものが、確立されているタイプの人が多いので、何か新しい取り組みに踏み切る際は慎重に検討を重ねます。そして、修正できる点は修正し、確認すべき情報は可能なかぎり入手し、最終的には〝直感〟と掛け合わせ、「まずは、やってみる」という判断を下すタイプの方が多いように感じます。

4.「テスト」を繰り返す粘り強さ

とにかくテスト好き、言い換えると、数字と向き合うことが好きな方が多いです。ネット全般に言えることですが、低コストでトライ&エラーを繰り返すことができるという最大の特徴があります。いくら考え方や企業姿勢が良くても、実際の現場は、それだけでは結果はついてきません。矛盾しているように聞こえるかもしれませんが、バランスが大切だということを肝に銘じておいてください。

5.他人が喜ぶ「オタク性」

良い意味で自覚症状がない人が多いのですが、成長し続けるＥＣサイトに多いのが、「オタク性」です。ただ、注意していただきたいのですが、自己満足の「オタク性」ではなく、困っている人が喜ぶ「オタク性」です。初心者の立場になって、親切丁寧に教えてもらったらどうでしょう？　人間であれば、〝感謝〟の気持ちが生まれないワケがないですよね。サイトも、お客様と「１対１」の気持ちを忘れてはいけないということですね。

以上が、成長し続けるＥＣサイト５つのポイントです。

【株式会社悠香《ゆうか》】創業6年目にして年商300億円を突破

本章の最後に、もう１社ご紹介したい企業があります。

創業６年目にして年商３００億円を突破した、お茶石鹼「茶のしずく」で有名な「株式会社悠香」さんです。先ほど、ご紹介したスタートトゥデイさんと同じく、通販というジャンルで急成長を遂げています。

日本一愛される企業を目指す

２００９年11月。本書のプロジェクトが開始し、数年前より同社の〝成長力〟は耳にしていたため、是が非でもと思い、無理を言って、中山慶一郎社長に直接お聞きする機会を頂きました。

福岡の本社を訪問したのですが、そこには、私の予想をはるかに超えた「思想」と「理念」に基づいた「株式会社悠香」がありました。

お茶の石鹸「茶のしずく」の製品開発者は、中山社長ではありません。現在の中山省三会長と中山由美子専務、中山社長のご両親です。

その開発秘話は、商売という領域を超越し、関係者の「使命感」を貫いた「人間物語」でした。

そもそも、「茶のしずく」は、はじめから日本向けに開発された商品ではありませんでした。きっかけとなったのは、インドネシア人の女性からの相談がはじまりです。

当時、ご両親がアジアの留学生支援のために、現地視察やアジア雑貨店を営んでいたこともあり、交流が深かった１人の女性から、肌に対する深刻な悩みを目の当たりにし、商

品開発がはじまりました。

元々、美容業界で活動されていた中山由美子専務が、専門書を読みあさり、体に優しい自然素材探しがはじまりました。やがて、「お茶で顔を洗うと綺麗になる」という祖母の言葉を思い出し、たどりついたのが「お茶」だったと言います。

その後、専門家の方からのアドバイスをいただき、「お茶」と「美の関係性」の理解を深め、いよいよ「お茶の石鹼づくり」がスタートします。

全国を駆け巡り、知る人ぞ知る石鹼づくりのプロ中のプロを探し、数時間かけての必死の説得、完全無農薬で高濃度のカテキンを含む、最高級の素材「お茶」を求め、やっとの思いでたどりついた「信念のお茶生産者」との出会い。そして、取り引きに応じてもらうために、通い続けた交渉の日々。2年の歳月を経て、やっと奇跡の石鹸が完成したのです。

ページ数の都合上、詳細（※）をご紹介できないのが残念でなりませんが、なみなみならない情熱を持って、「茶のしずく」は誕生したのです。

※詳細は、『悠香　日本一愛される会社への挑戦』鶴蒔靖夫著（IN通信社）にお願いしようと思います。

「お喜びの声」からはじまった国内販売

2年をかけて完成した商品を、インドネシアに持ち込み「美肌」をテーマとしたセミナーが開催されました。当然のことながら反響が良すぎたため、なかなか輸入の許可がおりませんでした。その間、在庫としてあった「茶のしずく」を1000個ほど身近な方へ無料で贈呈したそうです。これが、株式会社悠香のはじまりです。

当時、九州のイオンに在籍していた中山社長は、当時のことを振り返り、こう言います。

「当時は、大分に勤務していたのですが、福岡で会議があると、週末、実家に帰りますよね。すると、お礼にと、来訪者がぞろぞろと自宅に訪れているのです」

「こんなに喜んでくれる人が多いなら、これは、世の中に広めるべき商品だと、純粋に思いました」

スローガンは、「日本一愛される会社」。

実際に、中山社長とお会いした印象は、**企業の存在価値の根本を深く理解され、経営されている、**と感じました。

本書でご紹介するほかの企業と同じく、安心・商品力・高品質・お客様の喜びといったキーワードは当たり前すぎるのです。

中山社長は言います。

「〝日本一愛される会社〟を目指すということは、結果は後から、おのずとついてくると考えています」

また、精神と経済のバランスについて質問を投げかけたところ、実にクリアな回答をいただきました。

「マーケティング手法は、社会から求められている〝企業理念〟を達成するための手段にしかすぎません」

「ただし、手段といって軽視するのではなく、経済的合理性がなければ、企業活動は存在できませんし、結果、お客様の悩みを解決できなくなり、社会にとって損失だと思います」

「つまり、的確なマーケティング手法があってはじめて企業理念は実行・存続できるのです。したがって、企業理念の遂行を精神、マーケティングを経済と言うのであれば、精神と経済は別々に存在してバランスを保つものではなく、2つは統合されているというイメージです」

やはり、同社の最大の強みは、商品の根本にある〝思想〟が広まっていることだと感じました。1日1000通以上のお喜びの声が届くのも納得ができます。

取材について対応してくださった方、受け付けの方、フロアの雰囲気など、商品だけでなく、社内で触れるすべてのものから、本当に「悠香」らしさを感じることができました。「企業理念」や「思想」が、すべての従業員の心に自然と浸透していると、感じずにはいられませんでした。

非対面で商品の流通が行われる「EC」「通販」というビジネスは、不思議なことに、このような社風や理念や思想というのが消費者に伝わります。

科学的にそのロジックを解明できないのは、私の力不足だとしか言えませんが、唯一、証明できるとすれば「長期的にお客様に愛される」つまり、「長期的な企業成長」ではないでしょうか。

私ごとで恐縮ですが、当社のミッションの1つに、「素晴らしい商品やサービスの流通を増やし、世界中を幸せにする」というテーマがあるのですが、取材後、商品の根本には、メーカーや販売会社の〝理念〟や〝思想〟があり、商品は、それらを形にした「モノ」である、と理解を深めることができました。

〝巣篭《すご》もり需要〟などと言われ、ＥＣ市場が伸びています。

しかし、だからと言って、消費者のＥＣに対する財布のひもが緩んだわけではありません。購入先を選別する視点は極めて厳しくなっています。

企業側の情報を一方的に発信しても、広告などの表現方法を一生懸命工夫しても、消費者はそう簡単には行動してくれなくなりました。

理由は簡単です。

いくら綺麗なことを並べてみても消費者みずからの手で、個人のブログやクチコミサイト、最近ではツイッターなどから、購入検討中の商品や企業に対する第三者の評価を探すことができるからです。価格・ｃｏｍや食べログ、クックパッドといった、個人ユーザーが主役となっているサイトが伸びていることが、これらを証明してくれていると言えます。

これは、ＥＣ事業者にかぎらず、世の中の商売人にとって、「極めて素晴らしい時代が訪れた」と言ってもよいのではないでしょうか？

では、この「極めて素晴らしい時代」に、いったい何が必要となるのか？　また、どのようなプロセスでＥＣサイトを構築していけばよいのか？
第２章で確認をしていきたいと思います。

第2章

成長ECサイトの構築プロセス

原点を思い出す

集客力 × 成約力 × 魅力（リピート） ＝ お客様の評価（売上）

本書を手にしている読者の方からしてみれば、釈迦に説法だと思いますが、この方程式は、言葉や内容が多少異なる場合もありますが、インターネットに関係なく世の中の商売人にとっての原理原則ですよね。

当たり前のことですが、この3つのテーマのうち、いずれか1つ非常に素晴らしくても、どれか1つのテーマがかぎりなく「0」に近い内容であれば、最後のお客様の評価・売上は、かぎりなく「0」に近い結果になってしまい、まったく意味がなくなってしまいます。

これまで、数多くのEC事業者の方とご縁をいただいてきましたが、その多くの方が先程の方程式を強化するために、新しいテクニックやノウハウを学ばれていました。私も、何か違和感を持ち続けながらも、それが正しい道だと信じていました。

ところが、熱心で真面目な商人にかぎって見失ってしまう点が多々あるということに気がついてしまったのです。

世の中にはさまざまな情報があふれかえっています。

「このようにして、業界No.1の座を手に入れた」

「5年で売上10倍、経常利益13倍のノウハウ」

など、今、直面している目の前のことや、お客様とはまったく関係のない情報にもかかわらず、あふれた情報に我を見失い、シンプルに考えて行動することができなくなる。

私たちもそうです。

クライアント様のECサイトを丸ごと運営させていただいていても、クライアント様によっては、売上目標から大きく離れてしまうこともあります。このような時、完全に我を見失うことが多々ありました。

自分を見失わず、本当に大切なポイントを忘れないために、本章では、具体的なサイトの構築方法を共有していきましょう。

受け皿となるサイトの大切さ

「穴の空いたバケツには、いつまでたっても水がたまらない」

あらゆる販売手法に使用されるたとえですよね。当然、このたとえは、ECサイトにも同じことが言えます。

どんなに集客力の高いサイトであっても、受け皿となるサイトが穴だらけでは、バケツと同じく、いくら集客してもその効果を最大化することはできません。

受け皿となるサイトを強化する軸は、

サイト訪問者に『あっ、自分にとても関係する内容だ！　この商品は必要だ！』と理解してもらうことです。

これ以外ありません。

本章では、受け皿となるサイトが、穴だらけにならないように「成長し続けるECサイトの構築プロセス」について、皆様と共有していきたいと思います。

1つ事例をご紹介したいと思います。

情報提供に協力してくださったのは、関東甲信越を中心に全国対応をされている引越しサービスを提供している株式会社アクティブトランスポート様。

「そこまでやるのか！　の驚きが、私たちの誇りです。」というコーポレートスローガンを掲げ、感動引越しサービスを提供されている企業です。

同社の企業理念ページを見てもらえれば、その社風を感じ取ることができます。

http://www.kandou.jp/company/policy.php

実際、私も利用させてもらいましたが、細かいところへの気遣いだけでなく、何よりスタッフの方の笑顔が素晴らしかったことを覚えています。

〝感動引越し〟というサービスがクチコミを起こし、ビジネス系人気TV番組やラジオなどから取材を受ける理由も納得できます。

さて、本題です。

ここで共有したいのは、「ページの質と成約の関係」です。

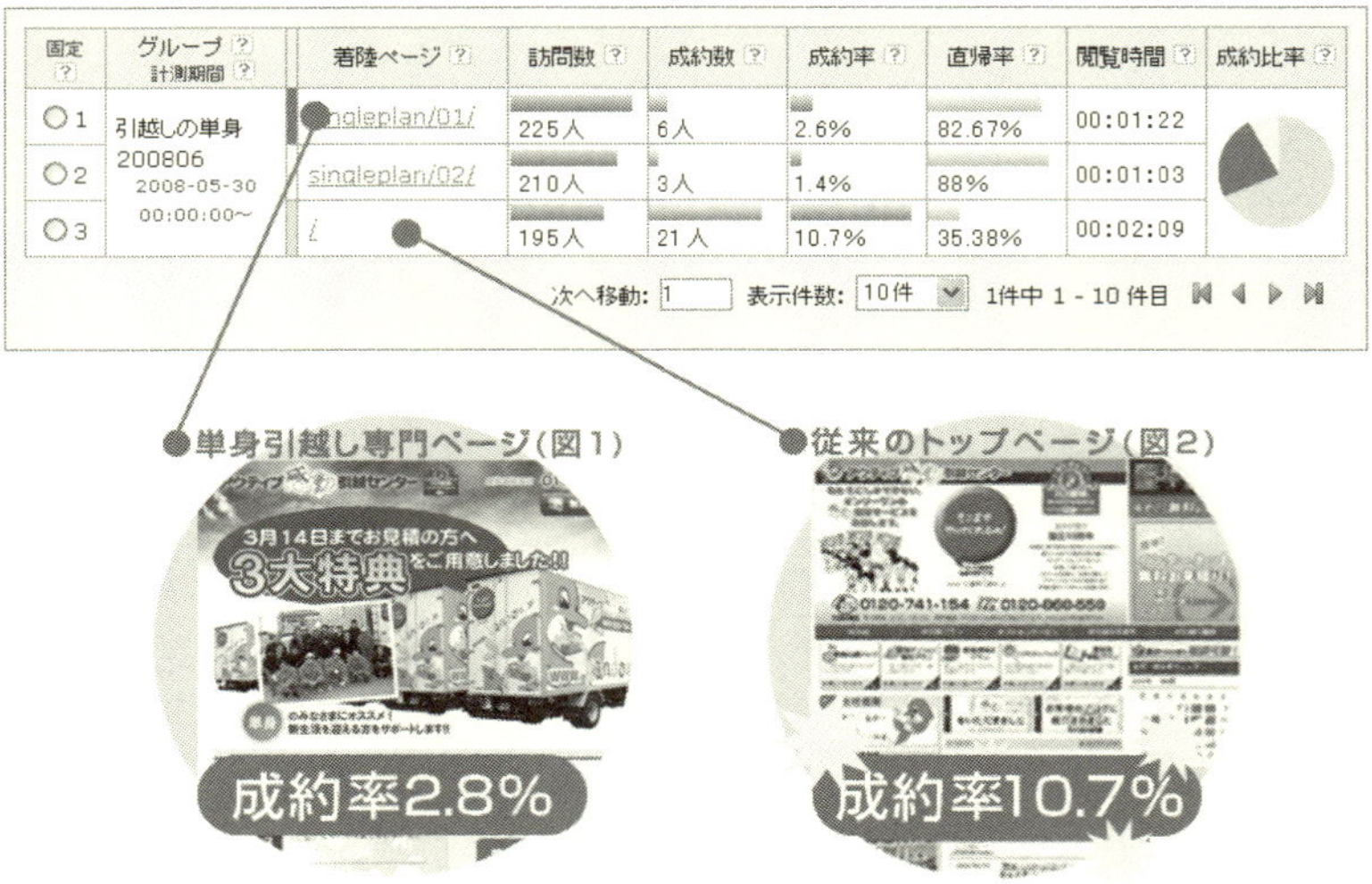

固定	グループ 計測期間	着陸ページ	訪問数	成約数	成約率	直帰率	閲覧時間	成約比率
○1	引越しの単身 200806 2008-05-30 00:00:00~	singleplan/01/	225人	6人	2.6%	82.67%	00:01:22	
○2		singleplan/02/	210人	3人	1.4%	88%	00:01:03	
○3		/	195人	21人	10.7%	35.38%	00:02:09	

※効果測定結果画面

上の図は、その結果をまとめたものです。

「単身引越し」サービスを探す方からの『見積もり依頼（成約）』を最大化するために、テストを繰り返し実践しました。

具体的には、「単身引越し」というキーワードで集客を行い、訴求するコンテンツやデザインが異なるページを3パターン用意し、訪問者をそれぞれ均等に誘導しました。

（効果測定結果画面の左端の1、2、3という数字が、それぞれのページです。）

結果はというと……「3」というページがもっとも、見積もり依頼が多かったのです。もっとも反応が低かった「2」のページと比べてみると、なんと約8倍も開きがありました。このように、サイト訪問者が閲覧するコンテンツの質によって、大きな差が生じるのです。

このことを、よく理解しておいてください。

そもそも、ほかのメディアとはまったく異なる特性を持つのがネット

ＥＣサイトやホームページというのは、ＣＭやチラシなどの広告とは根本が異なります。どちらが良いか悪いかというのではなく、ＣＭやチラシなどは、表現する範囲がかぎられてしまいます。ＣＭであれば「時間」、チラシであれば「面積」といった制限があります。

このため、表現方法に工夫を凝らすことが、非常に重要になるワケです。

一方で、ECサイトやホームページという場合は、真剣に購入を検討する消費者であればあるほど、サイト内の情報を隅から隅まで確認し、サイトから得られる情報の内容や、使用されている言葉などから、さまざまなことを感じ取るのです。

事業者側の我々が想像する以上に、消費者の〝感覚〟は研ぎ澄まされ、進化し続けているのです。

したがって、「反応率の高い文章」、「売れるコピー」といった「枝・葉」的な要素ばかりに気をとられるのではなく、ECサイトやホームページでは、商売人としての在り方からサイトの設計に取り組まなければならないのです。

では早速、「王道のサイト設計」について解説していきたいと思います。

王道のサイト設計は3つのステップで構成されます。

ステップ1．市場調査
ステップ2．SEOを考慮したコンテンツ検討

ステップ1：市場調査

まず、はじめは、「市場調査」です。

ネット上に存在する、あなたのお客様がどのような悩みを抱えていて、具体的に何人くらい存在するのか？　というデータを調べます。

調査方法は、次のとおりです。

1．グーグル社が提供している無料サービスを使用します。
URL：https://adwords.google.co.jp/select/KeywordToolExternal

2．あなたのお客様が検索すると思われるキーワードを入力して調査を行います。
調査画面には、さまざまなキーワードが表示され各キーワードが1ヶ月に何回検索されているのかを調査することが可能です。

あくまでも参考データですが、非常に便利なサイトです。

（こちらのデータは、あくまでもグーグル利用者の参考データです。ヤフーなどの利用者のデータは含まれていません。）

例えば、「お取り寄せ」という人気キーワードの調査を、先程のグーグルの無料サービスで調査を行ってみると、２０１０年1月のデータでは、「お取り寄せ」というキーワードは30万回以上検索されていることが確認できます。

まずは、ご自身が対象とする商品と関係するキーワードの検索重要を調査して、市場を調査する必要があります。

「どれくらいの市場が理想なの？」という人は、キーワードや商材により、差は生じますが、ＳＥＯやリスティング広告（キーワード広告）からの集客数は、月間検索回数の10％～35％です。

こちらの数字から逆算して、販売単価や売上目標などを検討してみるとよいでしょう。

月間検索回数（2010年1月）　グーグルキーワードツールより

キーワード	検索回数
手土産ランキング	3,600回

※ヤフーの検索回数は含まれていません。

各検索エンジンの順位と訪問数（2010年1月）

検索エンジン	順位	検訪問数
グーグル	3位	650
ヤフー	6位	549

参考データをお見せしたいと思います。

次のデータは、弊社が運営する「０１４１万歳！」http://www.0141banzai.jpというサイトです。

検索回数（グーグルキーワードツール）と検索順位の関係で、どれだけ集客が可能か、確認ができます。キーワードは、「手土産ランキング」というキーワードで、リスティング広告は行っていません。

先程ご紹介しました、グーグルキーワードツールの「手土産ランキング」というワードの検索回数が、３６００回です（ヤフーは含まず）。

ちなみに、ヤフーの検索回数は、ワードによって違いがありますが、ざっくり1倍～2倍で予測しておいてよいでしょう。

ヤフーの検索回数が、仮に4000回だったとして、グーグルと合算すると7600回。集客手法はＳＥＯのみで、同キーワードでの総アクセス数が、約1200ですから、月間検索回数の15・7％の集客を実現しているということがわかります。

ステップ2：SEOを考慮したコンテンツ検討

ステップ2では、ステップ1で市場調査を行ったデータを集客対策に活用します。ヤフーやグーグルといった検索エンジンからの集客対策、つまりＳＥＯのはじめの一歩の作業になります。

具体的には、次の事例を見ていただければ早いと思います。次のサイトは、「バッテリー交換」＋「その他周辺キーワード」でＳＥＯを考慮したコンテンツ設計例です。

こちらのサイトは、キーワードの検索の結果を参考に、ＳＥＯを考慮したコンテンツが

キーワード	検索回数
バッテリー交換	110,000
バッテリー交換方法	4,400
車　バッテリー交換	3,600
プリウスバッテリー交換	2,400
バッテリーの交換	2,400
自動車　バッテリー交換	1,900
セル　バッテリー交換	1,900
バイク　バッテリー交換	1,600
バッテリー　交換　時期	1,300
バッテリー　交換　パソコン	1,300
ノート　バッテリー交換	1,300
バッテリー　交換　価格	1,300
バッテリー　交換　bmw	720
カー　バッテリー　交換	590
バッテリー　電池交換	390
バッテリー　ターミナル　交換	390
ベンツバッテリー　交換	260
バッテリー　パック　交換	260
バッテリー　交換　充電	170
バッテリー　交換　容量	140
バッテリーを交換	110
車バッテリー　交換時期	110
バッテリー　交換エンジン	110
バッテリー　電圧　交換	110
バッテリー　液　交換	110
バッテリー　交換　寿命	91
バッテリー　交換　時間	73
バッテリーケーブル　交換	73
バッテリー　上がり　交換	73
バッテリー　交換　トラブル	46

掲載されています。

確認していただきたいのは、サイト内の右側にあるメニューです。サイトに掲載されているメニューには、調査結果のキーワードを考慮してコンテンツがつくりこまれているのが確認できます。

このように、キーワードの調査データは、市場規模を確認するだけでなく、ＳＥＯを考慮したコンテンツ設計にも活用することができるのです。

ステップ3：王道のサイト設計「樹」の法則

市場調査・ＳＥＯ用コンテンツ設計の次は、いよいよサイト設計です。

ここは、非常に大切なテーマです。

非常に大切なテーマなので、普段、私たちが利用している社内用のガイドライン『「樹」の法則』をご紹介することにしました。

繰り返しになりますが、はじめてあなたのサイトに訪れた人は、当然ですが、「不安」や「疑い」といったマイナスから関係がスタートすることが多いのです。

こちらのテーマでご紹介する社内用ガイドラインは、クライアント様のサイトに訪れた人が、「不安」や「疑い」といった気持ちを排除できるように、サイトを設計する上で必要なテーマを定型化したものです。こちらのガイドラインをベースに、クライアント様へヒアリングを行い、その結果をベースに、サイト毎にアレンジして制作をしています。

いわば、当社メンバーとクライアント様との「血」と「汗」の結晶です。

ただ、1つ注意して欲しいことがあります。

それは、この資料をそのまま、あなたのサイトで実践しても、期待したとおりの結果は得られない可能性が高いということです。

この資料は、5年の歳月をかけ、クライアント様と試行錯誤を繰り返し、小さな成功体験を少しずつ積み重ねてきた〝経験〟を体系化したものです。経験したからこそ、弊社メンバーは資料を見て実践することができます。

仮に、これからご紹介する内容を、そのまま、あなたのECサイトで真似をしても、あなたのサイト訪問者の「心」には届きません。

大切なことは、あくまでも〝参考〟情報と受け止め、脳みそに汗をかき、何度も何度もテストを繰り返し、あなたにとってベストな「樹」の法則を探し続け、少しずつ磨き続けていくことです。

あなたの商品やサービスで、幸せになれる人が多く誕生することを祈って、社内用のコンフィデンシャル資料を公開することにします。

ECサイトを1本の「樹」に見立てる

まず、はじめに、あなたのサイトは「樹」だと考えてください。

その樹は、明確な使命をもって、この世に誕生しました。そして、消費者も、あなた自身も幸せになるという素敵な「実」を、たくさん実らせるために、あなたのサイトは存在しています。

そのために、65ページの図のように、「土壌」「根」「幹」「枝」「葉」と、5つの要素を考慮して、消費者に選んでもらえるサイトを構築していく必要があるのです。

先ほど、この「樹」のサイト設計は、弊社メンバーとクライアント様との「血」と「汗」との結晶だとお伝えしましたが、残念ながら、そんなに大それた内容ではありません。とてもシンプルな内容です。

でもですよ。

みんな忘れてしまうんです。

売上やお客様を追うがために、最新のマーケティング手法や、顧客をどうやってコントロールするか？　などばかりに気をとられ、売上どころか、とても大切なコトを見失ってしまうのです。

そのような状態が続けば、やがて、あなたという「樹」は、朽ち果ててしまいます。

だから、あなたは、あなたのサイトという「樹」を枯らさずに、「みんながハッピーになる」という、素敵な実を実らせて欲しいのです。

準備はよろしいですか？

それでは、「樹」のサイト設計に入ってみましょう。

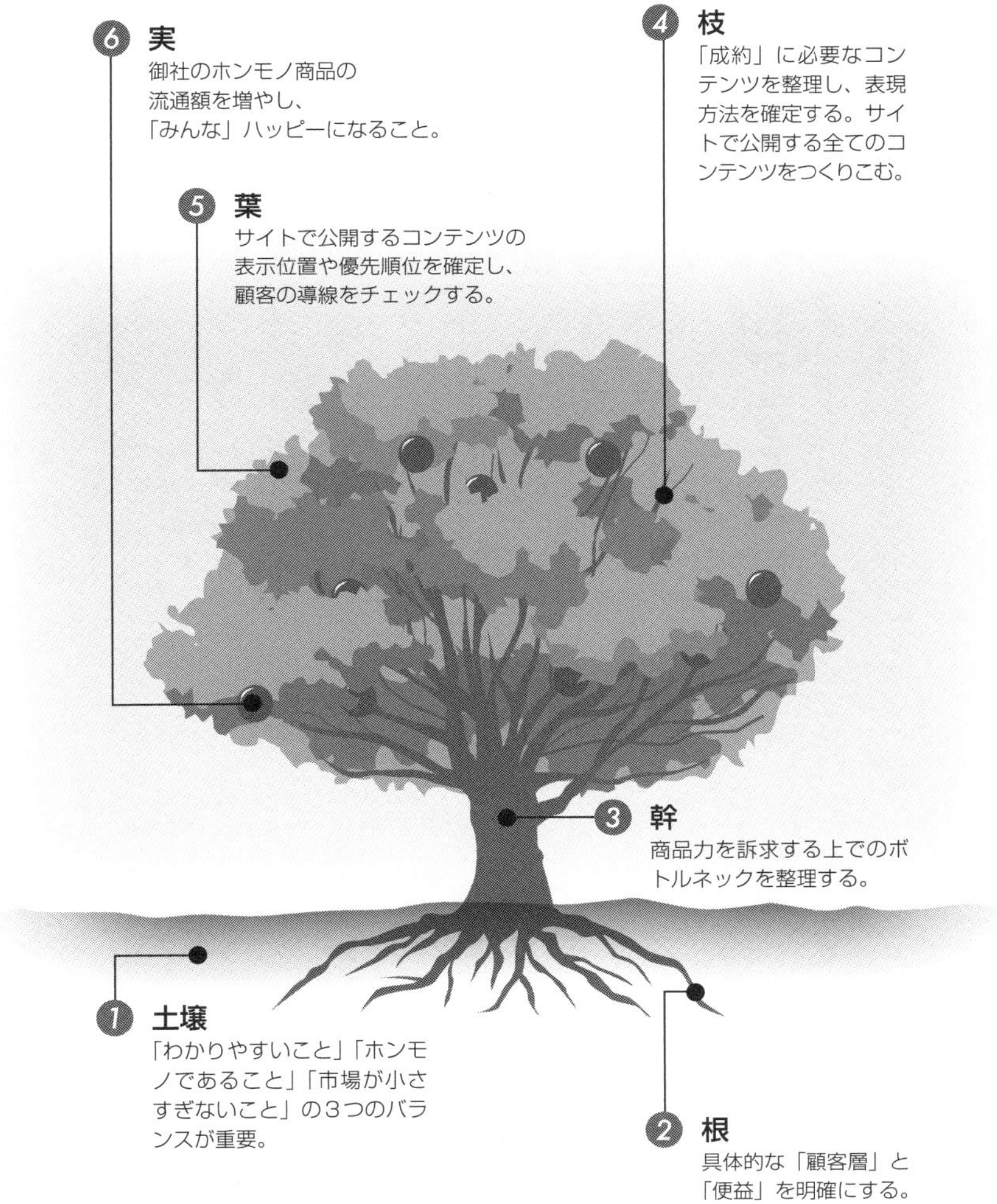

⑥ 実
御社のホンモノ商品の
流通額を増やし、
「みんな」ハッピーになること。
④ 枝
「成約」に必要なコン
テンツを整理し、表現
方法を確定する。サイ
トで公開する全てのコ
ンテンツをつくりこむ。
⑤ 葉
サイトで公開するコンテンツの
表示位置や優先順位を確定し、
顧客の導線をチェックする。
③ 幹
商品力を訴求する上でのボ
トルネックを整理する。
① 土壌
「わかりやすいこと」「ホンモ
ノであること」「市場が小さ
すぎないこと」の3つのバラ
ンスが重要。
② 根
具体的な「顧客層」と
「便益」を明確にする。

土壌⬇根⬇幹⬇枝⬇葉⬇実

1.「土壌」はしっかりしているか？

私たちがクライアントさんへヒアリングを行う際に、もっとも大切にしているテーマの1つです。「土壌」がしっかりしていなければ、どんなに大切に育てても、最高の「実」が実るとは言えません。

ECサイトという「樹」において、しっかりとした土壌であるかどうかを確認します。具体的には、「わかりやすさ」「ホンモノ」「市場・顧客」の3つを軸に客観的に確認します。この3つがなければダメというのではなく、不足部分は補完すればよいのです。

●（土壌1）「わかりやすさ」

「わかりやすさ」には、2つあります。

1つは、商品に関するわかりやすさです。

世の中には、対象顧客にすぐに理解してもらえる商品と、そうでない商品が存在します。

・特徴や使用後の便益は、一瞬で理解してもらえるか？

・対象顧客が、だれでも簡単に使えるか?

そして、2つ目は、「表現方法」です。

・難しい専門用語を使用しない。
・商品画像は細部まで公開する。
・他ページへ移動しやすくする。
・購入までの流れにストレスを感じさせない。

以上が「わかりやすさ」です。

●(土壌2)「ホンモノ」

「ホンモノ」は大きく分けて3つあります。

1つは、消費者にとって優しい「専門性・オタク性」です。

購入者となりうる人物像の真の悩みや欲求を理解して、専門家という立ち位置から、その解決手段を伝えることで、安心して購入することができるのです。

例えば、関節痛に悩む団塊の世代を対象としていれば、〝階段の上り下りが気にならない生活を手に入れたい〟という真の欲求を具体的に見つけ、人間の体の構造から、何が問題で、どうすれば気にならない生活を手に入れることができるのか？　といった専門的な情報を提供し、**「真の欲求解決」と「商品が必要な理由」を結びつけること**が専門家であるあなたのミッションなのです。

2つ目は、「魂」です。

商品や、消費者に対する姿勢です。

いかに儲けようか？　ということだけを見るのではなく、どのような人に商品を手にしてもらいたいか？

そして、どのようになってもらいたいか？

商品はどうすればもっとよくなるのか？

といったことに対して、**常に追求し続けている企業姿勢**が必要です。

3つ目は、「自我を捨てる」です。

「魂」や熱い思いを持たれていても、自我の強い考え方や、自分だけの思いこみが中心にあっては、結果はついてきません。空回りになってしまいます。

あくまでも、軸はあなた自身ではなく、本当の意味で消費者を中心にしなければいけません。気持ちが高ぶりすぎると、「本来ならこうあるべきだ!」という気持ちに入りこみすぎてしまい、振り返るとお客さんは誰もついてきてくれない……、なんて経験が私にはあります。

したがって、冷静に考えることを忘れないでくださいね。

●（土壌3）「市場・顧客」

土壌の最後のテーマになります。

当然のことですが、そもそも市場がなければ、「わかりやすくて、ホンモノ」であっても売れるＥＣサイトにはなりません。市場規模が十分にあり、**競争の少ない独自のポジションを見つける**ことが一番の理想です。

そのために、次の3つを事前にチェックしています。

①規模

前述のとおり、ネット事業は顧客の欲求や市場調査が簡単にできます。しっかりと調査を行います。

②質

類似商品などに目移りしにくい顧客層であるかどうか？（年齢・性別など）商品選定に、こだわりを持ち、納得のいく商品を使い続ける顧客層が理想です。

③競争しない

競合が多い場合は、特徴を訴求することも難しくなりますし、顧客離れも起こります。できるかぎり正面から競争しない、**オンリーワンのポジションを探しましょう。**

土壌 ⬇ 根 ⬇ 幹 ⬇ 枝 ⬇ 葉 ⬇ 実

2.「根」はしっかり生えているか？

土壌の次は、「根」です。

「だれにどんな便益があるのか？」をとことん追求します。

「根」は土壌から栄養を吸い上げます。納得いくまでとことん考えぬき、結果が得られなければ、改善を繰り返しましょう。

チェックポイントは次の3つです。

⬇ **1．便益を受けるのはだれ？**

商品を購入して便益を受ける人はだれなのか？　を具体的にします。

性別、年齢、地域、職業、悩みなど絞り込めるだけ絞り込み、具体的に描写します。

⬇ **2．どのような便益を受けるのか？**

多くの人は、商品を買うことが目的ではありません。購入したことにより生まれる便益が目的です。消費者はどうなりたいのか？　真の欲求は何か？　ということを深く掘り下げ、考えます。

⬇ 3. 判断軸は？

商品の購入判断や評価軸というのは、人それぞれです。
決して、便益だけで人の心は動きません。

「便益」だけを物事の判断として考える人
「便益」と「共感」のバランスを考慮する人
「共感」だけで購入し、後で「便益」について考える人

あなたのサイトのお客様は、どのようなタイプなのか？　をしっかりと考え、サイトで公開するコンテンツや、郵送する紙のツールなどで訴求すべきコンテンツを検討しましょう。

最後に補足です。

立ち上げ当初では、予想もしていなかった顧客層（性別や年齢）、問い合わせ、商品用途など、必ずヒントが生まれてきます。

一定のタイミングで、このような視点で確認をしてみると、次の展開のヒントになることがあるので、ぜひ確かめてみましょう。

3. 「幹」はしっかりしているか?

土壌 ⬇ 根 ⬇ 幹 ⬇ 枝 ⬇ 葉 ⬇ 実

「根」の次は、「幹」です。

「幹」は、「樹」を支える軸になります。

前述の「土壌」「根」と後述する「枝」をつなぐ大切なテーマとなります。

具体的には、ボトルネックの整備です。自社サイト内で伝えることが難しい情報や商品の優位性、さらにキャッチコピーや表現方法など自信を持てないテーマと向き合い、**ボトルネック**となる点を保存し、必要な部分に関しては、サイト公開後の**「テスト項目」**として整理をしておきます。

具体的に確認してみましょう。

●商品（サービス）を訴求するうえで、最大のボトルネックは何か？

例えば、

・わかりやすいけれど、『ホンモノ』感が伝わらない。

・『ホンモノ』だけど、どうしても伝わりにくい……

このような場合、『わかりやすさ』『ホンモノ』を伝えるうえでのボトルネックとなる部分を、考え抜きます。

1つ事例をご紹介しましょう。

事例紹介に協力してくださったのは、株式会社グランドールさんです。

http://www.o-baby.net

グランドールさんは、おしゃれな海外ベビー用品をネットで販売されています。

写真やキャッチコピー、説明の切り口など、子を持つ親にとって、かゆい所に手が届く説明が成されています。魂を込めたページからは、商品に対しての自信を感じ取ることができます。

早速、商品詳細ページを確認してみてください。

特に参考にしていただきたいのは、次の箇所です。

実際の商品画像の横に、具体的に今までの悩みを解決できる提案と、利用イメージが非常にわかりやすく明記されています。


実際、手にとって検討しているような感覚に加え、プロからの提案がさりげなくミックスされており、安心感が湧き上がります。

結果的には、同商品は、生産が追い付かないほどの驚異的な販売量になりました。

本商品企画は、「はじめて、食べる」という人生の一大イベントを飾るにふさわしい商品はないか？　という思いからはじまったそうです。

Step:1 離乳 初期

ゴックンと飲み込む練習

大人の真似をして口を動かせたり食べ物に手を出したり、よだれの量が増えたら離乳開始のサイン。

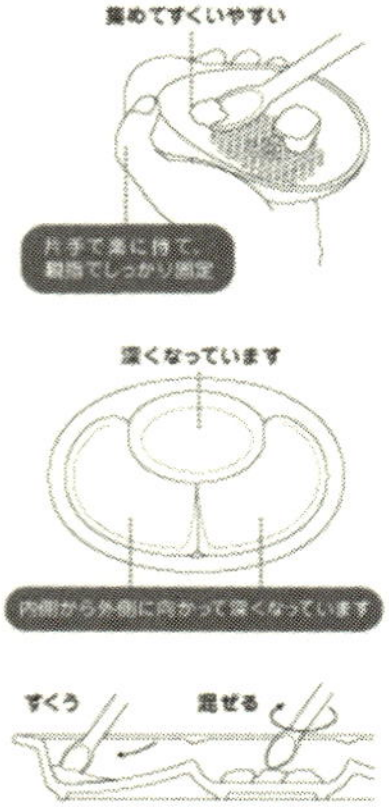

① 育児スプーン

離乳初期の赤ちゃんの小さな口にぴったり。ママの使いやすさを考えたプラスプーンです。

② ベビーボウル

ママの手にすっぽりおさまり離乳初期の赤ちゃんへ食べ物をつぶして食べさせやすいドッツ付きのボウルです。

③ ベビートレイ

離乳初期にママが使いやすい仕切のある取り皿です。
食べ物を混ぜる・すくうがスムーズにおこなえます。

Step:2 離乳 中期

食べ物をモグモグとつぶす練習

ベビーが離乳食を、唇を閉じてしっかり飲み込めるようになったら、1日2回食をスタート。

④ ストロー両手マグ

ストローがカップの上下で固定でき、脱着も簡単!

両手でしっかり持つことができ底面の傾斜が中心に飲み物を集めストローで残さず飲むことが出来ます。

⑤ ベビー両手ボウル

ママといっしょに持てる両手ハンドル。広口がすくいやすい、広底安定形状です。

⑥ ベビー深皿

食べ物が見やすく、すくいやすい広口浅型でたっぷりはいります。支えやすいフチ付きで、使いやすい広底楕円形です。

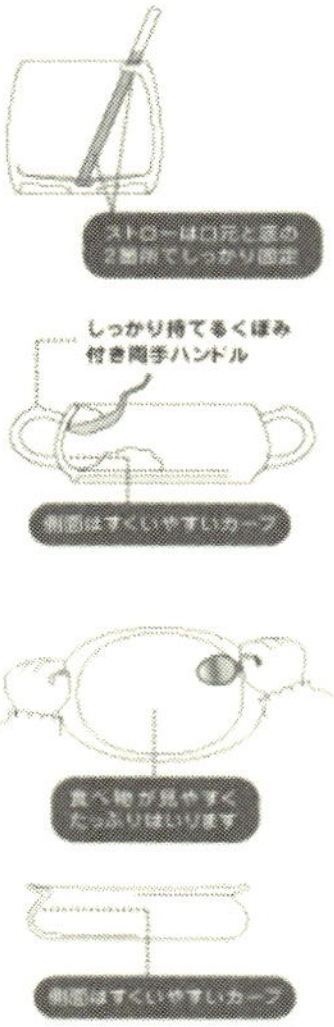

ベースになっているのは、常に軸として存在するサイトの存在意義でした。

・安心で安全な品質の高いワンランク上の提案
・子育てを楽しく支える
・用の美がたたずむ、感動のデザイン

同社も、本書でご紹介する他社と同じく、〝売れる見せ方〟といった表面的な手法だけでなく、消費者の生活や状況を熟知した企画、そして、良い商品をしっかりと伝えたいという商人としてのシンプルで本質的な姿勢の賜物だと感じるのは、私だけでしょうか？

土壌 ⬇ 根 ⬇ 幹 ⬇ 枝 ⬇ 葉 ⬇ 実

4.「枝」はどのくらい存在するか？

「幹」の次は「枝」です。

「枝」では、表現すべきコンテンツを「主観」と「客観」の2つの切り口でパーツを考え、コンテンツをつくりこんでいきます。

「あっ、自分にとても関係する内容だ!」
「もっと見たい!」

サイト上で視覚的に目にするコンテンツのすべては、この「枝」でつくりこみます。

「枝」は「土壌」で吸い上げたものを最大限に活かす場所です。サイトを強化するために非常に重要なテーマとなります。あなたの商品特性や企業のポジションを自己分析し、必要なコンテンツをつくりこんでいきましょう。

繰り返しになりますが、前述のとおり、サイトの強化軸は、本来お客様となる人に、**“見なければならない”とＭｕｓｔのマインドを持ってもらうことです。**

Ｍｕｓｔのマインドを持ってもらうために、必要なコンテンツを2つに分類すると、**主観的コンテンツ・客観的コンテンツ**に分けられます。

この作業は、サイト全体の設計のほか、商品やサービスの詳細ページ、採用募集ページなど、応用を利かせれば、さまざまなシーンで活用できます。

早速、確認をしてみましょう。

まず、はじめに、コンテンツをつくりこむ上でのコツですが、事実をありのまま伝え、必要以上に大きく表現しないことがポイントです。

必要以上に大きく表現すれば、購入後、期待値を大きく下回り継続的な関係構築ができません。逆に、控え目に表現することは、事業者にとっても商売の機会損失になります。消費者にとっても、商品導入後に、得られるはずの「未来」が逃げてしまい、事業者であるあなたにとっても、消費者にとっても機会損失になってしまいます。

それでは、「主観」と「客観」という切り口でコンテンツをつくりこんでいってみましょう。

主観的　3つのコンテンツ

主観的コンテンツは、次の3つに分類されます。

（1）「認識」
（2）「結果」
（3）「解説」

これら、3つのパーツで構成されています。

主観的コンテンツ（1）「認識」

「あなたを知っている」という姿勢を理解してもらいます。

「そうそう！　私の悩みってそれなの！」

「本当は、そうなりたいの！」といった、訪問者が抱えている不安や悩みを共感するためのコンテンツです。一方的に伝えたいことを発信するのではなく、ユーザーをコントロールしようとせず、まずは、サイト訪問者と共感することが大切です。

〈コンテンツのつくり方〉

×「25種類の○×△原料が含まれています！」

×「特許取得の□△○技術で！」

といった、アピールしたい内容を優先的に伝えているサイトが多いですが、このような内容は、あくまでも、消費者の欲求や課題解決する商品を引き立てる情報です。

サイト訪問者の気持ちからすると、自分の欲求を理解しているサイトかどうかわからないうちに、突然アピールされても、多くの人が、違和感を覚えるでしょう。

大切なのは、

「こんな悩みをお持ちではないですか？」

「大変ですよね、私たちは理解していますよ」

「一緒に実現しましょうね」というように、消費者目線になって悩みや、実現したい内容について共有することです。

「本当の悩み」や「欲求」を調べるため、既に取引のあるお客様が、なぜ自社の商品やサービスをお買い上げいただいたのか？　直接聞いてみたり、これまでのお客様からの問い合わせ内容などを振り返ってみたりすると、見えていなかったものが見えてきます。

主観的コンテンツ（2）［結果］

購入後、自分がどうなれるのか？　を理解してもらうためのコンテンツです。皆様の商品やサービスの導入時、多くの人は「不安」という感情が生まれます。皆様の商品がホンモノであるならば、購入前の「不安」を解消して、購入後の幸せを手にしてもらわなければいけません。

〈コンテンツのつくり方〉

ここでは自社サイトの利便性や、商品購入後の具体的なメリットをプロとして伝える必要があります。

また、結果を伝えるだけでなく、その根拠となる「独自性」や「こだわり」といった切り口での表現も行うことで、「結果」に対しての信用度がUPします。

こちらの内容に関しては、実際に事業を運営していくうちに磨かれていくものだと思いますので、今、発信できるベストな内容でかまいません。

主観的コンテンツ（3）「解説」

機能面を解説し、なぜ、お客様に対して、メリットを提供できるのか？　を理解していただきます。

商品やサービスを構成する個々の固有の役割を、ひとつひとつ解説します。人間の体は、心臓・肺・肝臓など、それぞれ生きていく上で必要とする役割を担う「機能」が存在します。人間の体と同じように、商品やサービスにおいても、お客様のメリットを提供する上で必要とする、機能が存在しています。

ここでは、このような機能を解説し、「だから、この商品を通じて、お客様へメリットを提供できるのです」という内容を理解してもらいます。

〈コンテンツのつくり方〉

あなたが提供する商品は、「機能1：○○○○」「機能2：○○○○」「機能3：○○○○」という3つの機能から構成されています。

それぞれの機能で商品を構成している理由は、「機能1によって、〜〜〜です」「機能2によって、〜〜〜です」「機能3によって、〜〜〜です」

というように、機能毎の特徴や効果やメリットなど必要性を伝えればよいのです。

以上が、主観的3つのコンテンツとなります。

先ほど、ご紹介したコンテンツの他にも、「私にもできる！」「このサイトで買えば大丈夫！」と納得してもらうために、「単純性」や「母性」といったコンテンツも組み合わせてみるとよいでしょう。

それでは、客観的3つのコンテンツに入ります。

客観的　3つのコンテンツ

客観的コンテンツは、次の3つから構成されています。

(1)「データ」
(2)「客観的事実」
(3)「安心・安全」

同じように、早速確認してみましょう。

客観的コンテンツ(1)「データ」

ホンモノであることを証明できるデータを掲載します。

「やけに素敵なこと言っているけど、本当なの⁉」という方に、自社の商品やサービスがいかにホンモノであるかを証明できる数値やデータを掲載します。

〈コンテンツのつくり方〉

ここでは文字どおり、数字など客観的なデータを提供します。商品やサービスによって大きく異なりますが、具体的には、次のような要素があげられます。

- 写真……………………こだわりの生産現場、品質チェック、お客様の顔写真
- 満足度…………………調査結果を円グラフや数値で表現
- 導入実績………………これまでの導入実績数
- 総出荷数………………これまでの総出荷数
- 業界経歴………………業界内での経験を証明する年数
- 科学的な根拠や証拠……科学的な根拠や証拠

ほかにも、お客様からの紹介数や紹介率などの数値データを公開するのも、効果的です。

客観的コンテンツ（2）「客観的事実」

メディア掲載情報や、お客様の喜びの声や受賞履歴などを掲載します。

主観的なコンテンツばかりでは、なかなか伝わらず、逆効果となることもあるので、第三者に証明してもらいます。

〈コンテンツのつくり方〉

ここでのコンテンツは、ありのままを伝えればいいのですが、いくつか補足があるので確認していきましょう。

〈お客様の喜びの声〉

その①お客様の喜びの声の集め方

リクエストをするタイミングが重要です。

もっとも効果的なタイミングは、サービスを提供した直後や、商品を利用した直後に依頼することです。商品の配送と一緒に、感想をお聞かせくださいというリクエストカードを入れてみたり、サービス提供後に、リクエストメールを配信したりして集めてみるのもよいでしょう。

ただ、このようなことを実践しても、なかなか集まらないこともあります。
それは、決してあなたのサービスや商品の品質が低いというわけではなく、消費者の方によっては、忘れてしまうことも少なくありません。
このような時には、意見や感想をいただいた方へ粗品をプレゼントしてみたり、ポイント還元や値引きなどの提案を行ってみるのも1つの方法です。

その②「写真付き＋手書き」が理想

真実味が高まります。

その③サイト上で公開する際の注意点（1）

公開する声に対して、サイト上で店長やスタッフの方からの返信コメントを公開します。
これによって、商人としての心構えや考え方を、サイト訪問者に理解してもらえます。

その④サイト上で公開する際の注意点（2）

公開する声が多数集まった段階で、**検索機能を搭載できると、さらに喜ばれます。**

機能性商品（食品）で考えてみると、わかりやすいでしょう。

例えば、ダイエット食品を取り扱っている場合、年齢や減量したい体重など、自分と関係する条件で検索できる機能のことです。

「自分と同じ悩みを抱えていた人がどうなったのか？」という気持ちは、サイト訪問者にとって必然的に湧き上がる欲求です。

『**あっ、自分にとても関係する内容だ！　もっと見たい！**』という視点が大切になるのです。

その⑤（メディア掲載）許諾

取材依頼をいただいた際に、掲載雑誌や誌面などをサイト上で公開する許諾を必ず、いただくように相談しましょう。

客観的コンテンツ（3）「安心・安全」

本当に安心できる商品か？　安全な商品か？　と疑問に思っている方に、本当であることを理解していただきます。

安心・安全の代名詞であった日本でしたが、近年、メーカーや製造会社による、産地・賞味期限の偽装が多発しました。この結果、今や、消費者は、何も信用できない状態です。これ以上、開示ができないという限界ラインまで安心・安全を証明できるコンテンツを提供していきましょう。

〈コンテンツのつくり方〉

大げさに伝えることなく、ありのままの情報（事実）を提供するだけでよいのです。具体的には、以下の切り口で考えてみてください。

・第三者機関などによる安全を証明するレポート
・製造現場やスタッフの写真や作業風景
・社歴や業界経験年数

・原料の詳細情報
・思いきった保証提案
・特保、医薬品の解説（取得企業にかぎる）
・海外での評価や常識

以上が、客観的3つのコンテンツとなります。

先ほどご紹介したテーマのほかに、商品やサービスによっては、ありのままに「希少性」を訴求する方法もあります。ぜひ、検討してみてください。

これからの時代は、消費者がすべての主導権を掌握します。商品情報や企業情報などを、ブログで検索したり、クチコミ情報を検索したりとすべての情報にアクセスをして〝選ぶ〟のです。

主観ばかりを振りかざしていても、本当に伝えたいことは、サイト訪問者の心には届き

ません。「主観」と「客観」のバランスを考慮してこそ、〝心に伝わるサイト〟へと一歩近づくのです。

（補足）当たり前のこと

当たり前と思わずに、伝えるべきことを、しっかりと伝えます。

「こんなことは業界常識」と思っていても、サイト訪問者にとっては〝目から鱗〟のサービスであることが多いのです。「他社もやっているから」と勝手に決めつけないで、しっかりとつくりこんでいきましょう。

〈コンテンツのつくり方〉

切り口はいくらでもあります。次のような切り口で考えてみてください。

・送料無料、各種手数料無料、査定無料、見積もり無料問い合わせ
・返金保証
・サンプル配布

・商品管理方法
・受賞歴
・顧客満足度調査の結果
・工場や人の写真

土壌 ➡ 根 ➡ 幹 ➡ 枝 ➡ 葉 ➡ 実

5.「葉」で最終確認

表現すべきコンテンツがそろったところで、どのような順番や位置に表現していくのか？

優先順位を確定します。

「葉」は、最後の締めになります。

何度も繰り返しになりますが、消費者は、**自分にとって重要な情報か？**という視点であなたのサイトと接触します。

そのために必要なコンテンツは、先ほどの「枝」でつくりこみました。

あとは、最後の総仕上げです。
早速、具体的に確認してみましょう。

優先順位をつける

最後の総仕上げのポイントは次の3つです。

1．どの順番で表現していくのか？
2．最後のアクション
3．公開前の最終確認

1．どの順番で表現していくのか？

コンテンツが固まった段階で、ユーザーに伝えるべき要点を整理します。特に一番強調すべきパーツを検討することが最大の課題です。

コンテンツの表現する順序を決める際の1つの方法として、逆算して考える方法があります。例えば、悩みを解決する商品であれば、次のように逆算をして考えていきます。

「購入する」
➡
「最終的に、ここだ！と決意する理由がある」
➡
「自分の真の欲求の原因と、商品の必要性がつながる」
➡
「自分の真の欲求と、その原因を理解する」
➡
「具体的に、○○というような悩みを持つ人が集まる」

このように逆算して考えることで、購入までの流れを再確認することが可能です。

2. 最後のアクション

どんなに素晴らしいコンテンツを設計し、完成したとしても、最後のアクションを起こしてもらわなければ意味がありません。

アクションしやすい表現方法をチェックします。

「資料請求はこちら」ではなく、無料であれば……「資料請求（無料）」

「お試しはこちら」ではなく、無料であれば……「無料お試し」

このほかにも、「送料無料」など消費者目線で考えると、最後のアクションのきっかけとなる武器を活かしていないサイトを見かけます。注意してみましょう。

3．公開前の最終確認

最後に抜けがないかの確認作業を行います。

ここは、社内&脳内の確認作業です。あなたの会社に埋もれたダイヤの原石を見つけます。

「商品開発者」へインタビューする

多くの企業が、販売・商品企画・商品開発など、それぞれの業務に集中できるように業務が分担されています。もちろん、メリットが大きいため、多くの組織がそのような編成を行っているのですが、この組織化のデメリットがECサイトに、反映されることが多々あります。

確認をしてみましょう。

消費者の声から商品企画がはじまり、試行錯誤を繰り返し、商品が完成し、ECサイト上で販売される。この一連のプロセスにおいて、表面的な情報は知っていても、**消費者の気持ちが動くような情報**を把握している人が不在なのです。

会社としては、素晴らしい情報を持ちながら、現場では、資料から得られる無機質なデータを基準に、商品を紹介してしまっている。

多くの企業が該当するのではないでしょうか?

実際、私たちがお手伝いをはじめたことがきっかけで、ネット販売担当者と商品開発担当者へインタビューしてみると、ネット販売担当者の反応は、決まって「まさか」「知らなかった」という感想が多いのです。

通常業務から離れて、1度立ち止まって考えてみる時間をつくってみてはどうでしょうか?

第3章

最適な集客手法を確立する

受け皿となるサイトが完成したら、次は、集客です。

本章では、あなたのサイトの集客方法を整理していきます。

TV、ネット、雑誌、ラジオ、新聞、交通、屋外、クチコミ、チラシ、などなど……、あなたが選択できる手法はいくつもあり、時代の流れと共に、集客方法やその効果は変わっていきます。

ここで大切なのは、いかなる時代においても、それぞれの媒体特性・予算・目標を考え、常に、最適な媒体を選択し、成果を得られる**一定の法則を見出す**ということです。

例えば、ネットに関しては、その強みと弱みがはっきりしています。

今後、どのように進化を遂げるかは未知数ですが、ネットユーザーは、情報や商品を自発的に探しているユーザーが多いというのが特徴です。

ようするに、「知りたい、探したい、手に入れたい」という目的が明確なユーザーです。

〝つながり〟や〝共感〟の代名詞と言える、SNSやツイッターのユーザーも、この3つが軸にあります。

したがって、ネットという媒体を使う際は、

目的意識を持ったユーザーへ、
適正な情報や商品を提案して、
商人としての姿勢や在り方に共感してもらう。

というポイントを忘れないことです。

これによって、必然的に投資効果が非常に優れた媒体になるのです。

逆に、目的意識を持つ前の段階、つまり、欲求を喚起することを目的とした場合、ネット媒体は、難しい媒体でもあります。前述のとおり、今後個人のメディア力がどんどん高まっていくので、個人間の情報流通で進化はあるかもしれませんが、現段階においては、やはり「商品やサービスを購入したい」という欲求の喚起には、弱い媒体であることに間

違いありません。

また、ＴＶをはじめとしたマス媒体に関しては、ネットと比べると多くのケースが、莫大な広告費が必要となりますが（実際はネットよりも安価な媒体もあります。）、ネットと比べてみると、欲求を掘り起こす力は数倍、いや数十倍力を発揮します。ＴＶで「人物」や「商品」、「お店」などが紹介されると、気になった視聴者が、その名称をヤフーやグーグルなどの検索エンジンで検索し、検索回数が一気に増加する現象が、ＴＶ効果の威力を物語っています。

ちなみに、ヤフージャパンやグーグルの急上昇キーワードを以下でチェックすることができます。

http://searchranking.yahoo.co.jp/burst_ranking/
http://www.google.co.jp/trends

眺めていると、ＴＶをはじめとするネット以外の媒体がいかにネットに恩恵を与えてくれているかを理解することができます。

話を本題に戻しましょう。

第3章では、あなたのサイトにとって必要な集客手法を確立するために、次のテーマに関して共有していきたいと思います。

・適正な投資基準を設定する。
・セットアップに欠かせない3つの集客手法を持つ。

それでは、早速、本題に入っていきましょう。

適正な投資基準を設定する

ここは非常に大切なテーマの1つです。

自サイトの適正な投資基準を持っていないサイトは、まるで、地図を持たずに航海に出ようとしている船と同じです。

自社サイトの投資効果基準を持っていないサイトは、

・広告に対して、感覚で「高い、安い」と判断して、投資をしてしまう。
・機会損失に気がつかない。
・いつまでもギャンブル感覚で投資をしてしまう。

一方、しっかりと投資効果基準を持っているサイトは、

・数値的根拠から「勝ち負け」を予測することができる。
・機会をしっかりと捉えることができる。
・勝利の方程式に当てはめるだけなので、勝率が高まる。

このような特性があります。

プロ野球で日本一に輝くチームは、必ずと言っていいほど、〝勝利の方程式〟が存在しています。6回まで先発投手が踏ん張って、7回から強力な中継ぎ陣が控え、9回のラストイニングは不動の守護神がきっちり抑える。

野球と同じく、サイト運営においても自分のサイトの方程式をいかにつくり上げるかが決め手と言っても過言ではありません。

勝てる広告、勝てる施策を把握したら、後は勝てるパターンに資源を集中させればよいのです。

【テスト期間】いくつかの広告や、企画などの施策を繰り返し、テストを行う。

【資源の集中】勝てる広告と、企画などの施策確定後は、勝ちパターンを繰り返す。

繰り返しになりますが、このように、勝利の方程式を構築して、あとは勝ちパターンを繰り返すだけでよいのです。そのために、もっとも大切なテーマが適正な投資基準を持つということです。

では、適正な投資基準とはどのようにして設定したらよいのでしょうか？

早速、確認をしてみましょう。

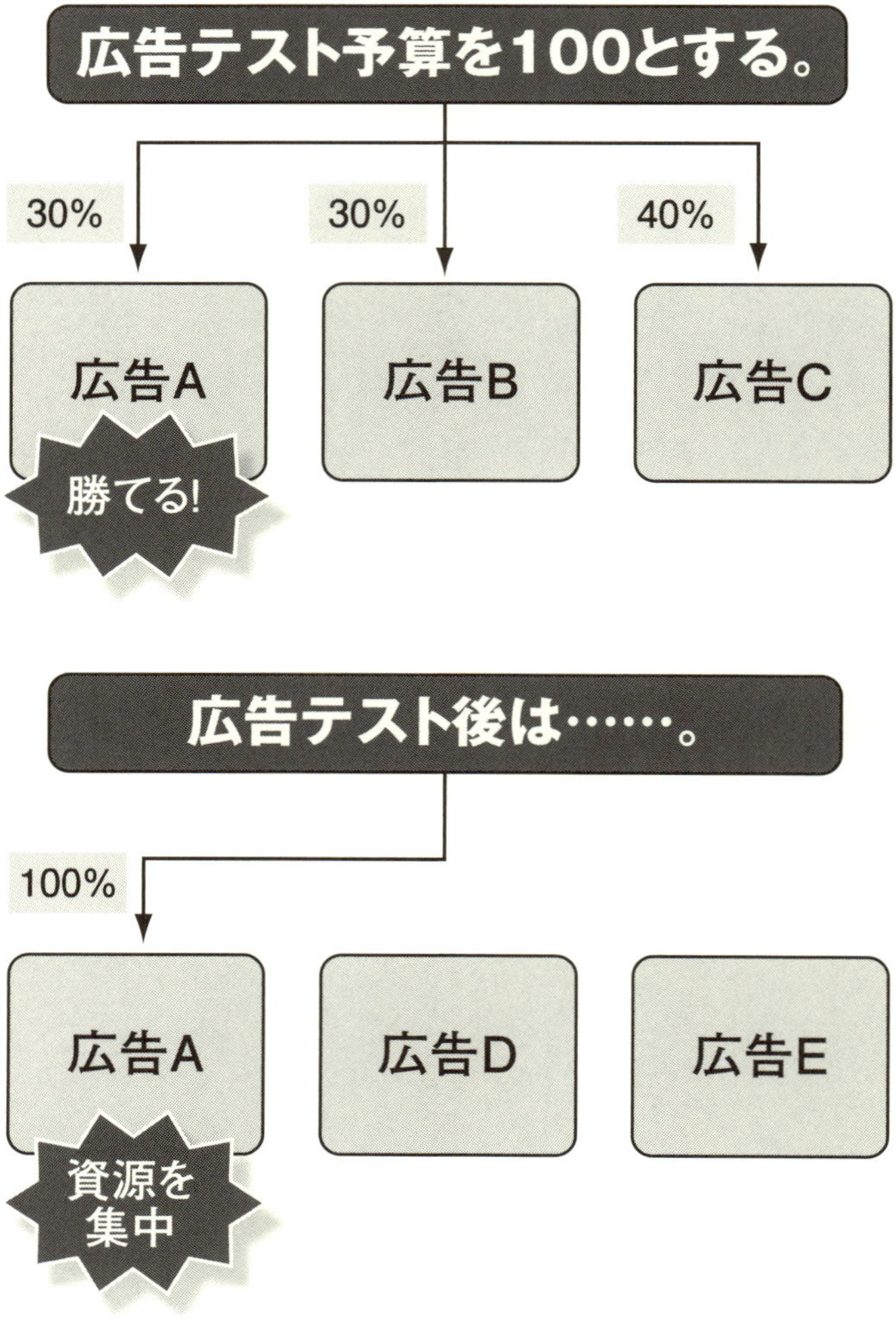

広告テスト予算を100とする。
30%
30%
40%
広告A
広告B
広告C
勝てる!
広告テスト後は……。
100%
広告A
広告D
広告E
資源を
集中

Ⓐ1顧客あたりの価値（1人あたりの年間売上－原価－経費）＞Ⓑ1顧客化に必要とする投資額

つまり、1顧客が取引を開始してから終わるまでの期間を通じて、あなたのサイトにもたらした自社の利益が、1顧客と取引を開始するために投資した費用（顧客獲得単価）を上回れば利益が出るということです。

詳細を確認していきましょう。

Ⓐは、あなたのお客様の1人あたりの「年間」、もしくは、数年間の売上金額から原価や必要経費を差し引いた価値（利益）になります。

例えば、1人の年間購入金額が、平均2万円だとしましょう。

商品原価は40％（8000円）で、送料などの諸経費が1人あたり1000円発生するとします。

すると、Ⓐの1人あたりの価値は、2万円−8000円−1000円＝1万1000円ということになります。

1人あたりの「年間」と記載していますが、期間の設定に関しては、商品やサービス特性によってさまざまです。特にネット通販の場合は、環境変化が激しいため、期間を長めに設定するよりは1年くらいで計算することがベターでしょう。

また、リピート商材でない場合は、リピートの代わりに、紹介による売上金額を加えて計算することによって、具体的な1顧客あたりの価値が算出できます。

それでは、Ⓑを確認してみましょう。

Ⓑは、1人の顧客と取引を開始するために必要とする広告費用などのコストです。

CPOやCPAとも言われています（※）。

仮に、100万円の広告費で、100人の新規購入顧客を獲得できた場合、CPOは、100万円÷100人＝1万円となります。

繰り返しになりますが、Ⓐの1人あたりの価値が、Ⓑを上回っている媒体や施策であれば、先述のとおり、利益が出ている間は、何か大きな変化が生じるまでの間は、ドンドン投資をしていきます。

このような視点を持って、あなたのサイトの適正な投資基準を設定することが大切になります。

※CPO…Cost Per Order。CPA…Cost Per Actionの略。購入するまでに要する1人あたりのコスト。

よくある誤解

先ほどご紹介した、「適正な投資基準の計算式」は、1人の顧客と取引を開始するまでに必要な費用と1顧客の価値を比較することがベースになっています。

ところが、投資基準を次のような計算式で考える事業者の方がいます。

投資額 ＞ 売上 ＝ 負け

投資額　＜　売上　＝　勝ち

具体的に確認してみましょう。

（パターンAの広告）

1ヶ月の広告費用を、１００万円投資した。
新規顧客の売上が50万円だった。この投資は負けである。

（パターンBの広告）

1ヶ月の広告費用を、１００万円投資した。新規顧客の売上が１２０万円だった。
この投資は勝ちである。

このような1回勝負の判断をしていては、適正な投資基準を持つことはできません。重要なことは、基準を1顧客の生涯価値で考えることです。

それでは、先ほどのパターンA・Bを生涯価値で考えてみましょう。

（パターンAの広告）

1ヶ月の広告費用を、100万円投資した。

新規顧客の売上が50人で50万円だった。

1顧客あたりの生涯価値を計算してみたところ

1人あたりの平均年間購入金額は、5万円とリピート顧客が多かったので、原価率が40%で、必要経費は1000円なので、価値は……

5万円－2万円－1000円＝**2万9000円**

つまり、CPOは、100万円÷50人（新規顧客）で2万円。

1顧客あたりの価値が2万9000円で、CPOが2万円なので、**パターンAの媒体は、勝てる媒体であるということがわかった。**

同じように、パターンBの広告を確認してみましょう。

（パターンBの広告）

1ヶ月の広告費用を、100万円投資した。
新規顧客の売上が100人で120万円だった。

1顧客あたりの価値を計算してみたところ

1顧客あたりの平均年間購入金額は、まったくリピート購入がなく、120万円÷100人で1万2000円だった。原価率と経費はパターンAと同じく、原価率40％で、必要経費は1000円なので、価値は……

1万円－4800円－1000円＝**4200円**

CPOは、100万円÷100人（新規顧客）で1万円。

1顧客あたりの価値が4200円で、CPOが1万円なので、**パターンBの媒体は、負ける媒体であるということがわかった。**

例としては、ちょっと極端かもしれませんが、実際にこれに近いことがあなたのサイトで発生していないでしょうか？

このように、**1顧客あたりの価値とCPOにフォーカスして、**広告投資基準を設定することが非常に重要になってくるのです。

1回の広告投資額で「勝った！」「負けた……」という考えも時には必要ですが、みずから機会を失っているということを忘れないでください。

また、それだけではありません。日々のキャッシュフローや、広告効果などに対して、見えないこと原因で生まれてくる「根拠のない恐れ」と決別することができます。

そのためには、繰り返しになりますが、次の3つを常に把握しておく必要があります。

1）自社の顧客生涯価値（平均）
2）広告毎のCPO
3）広告毎の顧客生涯価値

この3つを常に把握しておくことで、「勝てる広告」「負ける広告」ということを理解することができるのです。


いかがでしょうか？

あなたは、今すぐに答えることができるでしょうか？

もし把握していなければ、今すぐに本書を机の上に置いて、調査をしてみてください。

しっかりと把握することで、今まで、何となく霧の中を走ってきたような気持ち悪い感覚が、嘘のようにスッキリと晴れ、進むべき道がクリアに見えてきます。

広告の責任にしていないか？

さて、ここまでは、適正な投資基準の設定方法について共有してきました。

まずは、第一歩が踏み出せる準備が整いました。

ここで、もう1つ大切な視点があります。

それは、「負けた広告の問題は、何か？」という視点です。

ズバリ言いますと、「あなたに問題はないか？」ということです。

詳細は、第4章で解説しますが、広告文章・広告クオリティ・受け皿となるページなど、テストを繰り返し、最適な訴求方法を追究することが、絶対に必要になってくるのです。

それでは、適正な投資基準が設定できたところで、「集客方法」について共有していきましょう。

立ち上げ段階に欠かせない3つの集客方法

ここからのテーマは、具体的な集客方法について共有していきたいと思います。具体的に、まず取り組むべきは次の3つです。

1. キーワード広告（リスティング広告）で集客する
2. SEOで集客する
3. アフィリエイト広告で集客する

※検索結果には、お金をかけて表示するキーワード広告と、お金をかけずに表示される通常の検索結果の2つがある。通常の検索結果の対策がSEOと呼ばれている。

これら3つの手法を、3ヶ月間ほどテスト運用を行い、4ヶ月目から勝てる広告、勝てる企画で展開をしていきます。

あなたが、どのような目標を設定するかによって異なりますが、当社がお客様へ提案しているのは、まずは、先ほどの1～3のすべてを実践することをすすめています。

なぜなら、すべての広告が補完関係にあるからです。

したがって、どれか1つの集客手法に絞るのではなく、まず3ヶ月間は、3つのパターンのテストを徹底的に繰り返す必要があるのです。

テストを行うことによって、最適な広告やオファーなど、4ヶ月目からの活動に必要な軸が持てます。

しっかりとした軸を社内で共有することによって、どの道を歩み、どのような改善を繰り返していけばよいのか？　という行動指針が明確になり、場当たり的な判断がなくなり、撤退する時も、進む時も何の迷いもなく判断ができるのです。

具体的なテスト方法は第4章で解説しますので、まずは、それぞれの集客手法をどのように実践すべきか？　不変的な視点を中心に、共有していきたいと思います。

1. キーワード広告（リスティング広告）で集客する

3つのうち1．2．は、検索エンジンからの集客となっていますが、はじめに検討すべきは、キーワード広告（※）です。

※キーワード広告……ヤフーやグーグルの検索結果画面に、検索されたワードに連動して広告を出すことができる。費用は、クリックされた時のみ発生するため投資効果が高い広告として人気を集めている。

競争の激しいワードは、1クリック1000円以上のキーワードもあるので、予算に応じてキーワードの選定や運用が非常に重要になってきますが、絶対に外せない集客手法の1つです。

それでは、早速、キーワード広告の特徴を整理してみましょう。

- スグに顧客の反応（結果）がわかる。
- SEOで対策すべき主力キーワードを確定できる。

・1クリック毎に費用が発生するのでキーワードによっては投資効果が非常に高くなる。また、逆に、非常に低くなることもある。

特徴を整理したところで、早速、具体的な実践方法を確認していきましょう。

〈具体的な実践方法〉

利用するサービスは、次の2サービスです。

1つ目は、ヤフーが提供しているヤフーリスティング広告のスポンサードサーチです。

・スポンサードサーチ申し込みＵＲＬ

http://listing.yahoo.co.jp/service/srch/index.html

こちらに申し込むと、ヤフー検索結果画面だけでなく、エキサイトやｂｉｎｇといったその他検索エンジンや、価格・ｃｏｍなど大手ポータルサイトにも掲載することが可能になります。

掲載されるサイト一覧は、次のページで確認ができます。

http://listing.yahoo.co.jp/publisher/pc.html

そして、2つ目は、グーグル社が提供するアドワーズ広告です。

・アドワーズ広告申し込みURL

http://www.google.com/adwords

こちらに申し込むと、グーグルの検索結果画面の他に、グーグルネットワークに掲載されます。グーグルネットワークは、アマゾンなどの検索ネットワークと呼ばれるものと、TBSや個人ブログなどグーグルが提携しているコンテンツネットワークと呼ばれるサイトに掲載することが可能です（手動で掲載先の選択が可能）。

どちらのサービスにも言えることですが、提携先のサイトなど色々とありますが、王道は、やはり何と言っても、

・ヤフーリスティング広告 ⬇ ヤフーの検索結果
・アドワーズ広告 ⬇ グーグルの検索結果

です。

リスティング広告（キーワード広告）のテーマだけで、1冊の書籍が世に出ているように、細かい部分まで本書で解説するのは困難ですが、サービス申し込み完了後の大まかな手順とポイントを説明しますと、次の流れになります。

①キーワードを選定する
②広告タイトルと文章を設定する
③誘導先ページを決める
④効果測定の設定をする
⑤ブラッシュアップを行う

ここでは、①と②について、強く意識をしてください。

ユーザー視点で、競合サイトを確認し、競争しないユーザーメリットを熟考し、文章に起こすのがもっとも重要です。次に、考慮すべき視点は、広告を見たユーザーが、クリックしたくなる訴求ポイントをテストしてみることです。

具体的には、次のような視点で考えてみるとよいでしょう。

価格面　…………　送料無料、値引き率、販売価格
安心面　…………　販売実績数、TV・雑誌などメディア掲載実績、満足度
希少性　…………　期間や在庫の限定性を訴求する
呼びかける　……　年齢や悩みなど、具体的な顧客層をイメージできる「あっ、私のことだ!」と思えるように具体的に顧客層を表現する

とにかく、立ち上げ段階の設定と、その後の効果を確認しながらのブラッシュアップ作業は、本当に苦労しますが、最初の3ヶ月間が山で、この期間内に徹底したテストを行えば、多くのサイトの場合、立ち上げ段階（4～6ヶ月間）の運営は苦労しません。

ただ、商品の入れ替えが多いサイトや、季節や曜日・時間によって投資効果が大きく変化するサイトは、細かい運用が必要になってくるので注意が必要です。

また、アドワーズ広告に関しては、無料のオンラインセミナーが提供されているのでこちらを利用してみてもよいでしょう。

http://www.google.co.jp/adwords/start/edu.html

2. SEOで集客する

キーワード広告（リスティング広告）の次は、SEOです。

早速、SEOの特徴を整理してみましょう。

・幅広いキーワードでの集客が期待できる。

・SEO業務の時間や外注を利用した際は費用が発生するが、1クリックでは費用が発生しない。

・キーワードによっては、上位表示に時間を要する。逆に競争の少ないキーワードは、上

位表示しやすく集客の期待ができる。
・検索エンジンの順位付けの定義に左右される。

SEOというと、いまだに「順位」だけにとらわれ、テクニックなどを追い求めている人が多いようですが、

・検索エンジンが本当に行いたいことは何か?
・ユーザーが何を求めているのか?

この2つを考え、行動することが大切です。

検索エンジンが行いたいことは、ただ1つ、

「検索エンジン利用者が満足するであろうサイトを、上から順に表示する」

これだけです。

したがって、最低限の知識だけを知り、検索エンジン利用者(市場)のニーズに応える

には、どうすればよいのか？　を、必死に考え、コンテンツをつくりこんでいくことが大切になります。

検索エンジンのアルゴリズム（※）を、２００４年より本格的に見てきましたが、日を追うごとに、テクニックでどうこう対処できる存在ではなくなっています。

王道に戻るべき時が、既にきているということを忘れないように心がけましょう。

※検索エンジンのアルゴリズム……ロボットが、検索結果の順位を決める計算定義

〈具体的な実践方法〉

王道は、第2章の『ステップ２：ＳＥＯを考慮したコンテンツ検討』でお伝えしたように、検索されているキーワードでコンテンツを構築することが王道の対策方法、第一歩です。ここでは、ほかの視点で確認をしていきましょう。

検索されているキーワード　＝　検索市場のニーズです。

サイト運営者の思いこみでコンテンツをつくっていては、検索エンジンからも検索エンジン利用者からも、残念ですが、高い評価を得ることは難しくなります。

また、ＳＥＯの順位が確定するプロセスや細かい対策方法に関しましては、拙著『消えるサイト、生き残るサイト～「ＳＥＯ11の戦術」で絶対に生き残れ～』（ＰＨＰ研究所）を一読いただければと思いますが、検索結果の順位がどのように確定するかというと、簡単にお伝えすると、サイトの内と外の情報を検索エンジンが収集して、採点をして、順位が確定するのです。

つまり、順位が確定するのは、複数の要因から確定するものなのです。

内部要因というのは、何度もお伝えしているように、コンテンツの充実や、検索されているキーワードをサイト内で、どれくらい使用するか？　どのように使用するか？　といった、サイトそのものに対する評価のことを指します。

一方、外部要因というのは、あなたのサイトが、どのようなサイトから紹介（リンク）されているのか？　という点です。これは、検索エンジンからしてみると、選挙の投票のような解釈をしているのです。

このように、検索エンジンは紹介される数を「票」のように認識するのです。

前置きが長くなりましたが、以上が検索エンジンの順位が決まるまでの簡単な解説となります。

それでは、本題に戻りましょう。

ここでは、コンテンツ以外に重視すべき点を押さえたいと思います。

次の各項目が、具体的に押さえたい点です。外部の対策を中心にピックアップしました。

- **Yahoo!ビジネスエクスプレスに登録する**
- **ニュースリリースサイトを活用する**
- **取引先に、事例として紹介してもらう**
- **みずから、サイトを構築する**

・Ｙａｈｏｏ！ビジネスエクスプレスに登録する（5万2500円～15万7500円）

おなじみの、ヤフーの審査制登録サービスです。

ＳＥＯにも効果的ですが、それ以外にも、特商法など、サイト運営者として消費者へ提示すべき情報が掲載されているか？　といった視点で審査を行ってもらえます。

次のページから申し込むことが可能です。

http://business.yahoo.co.jp/bizx/service/

・ニュースリリースサイトを活用する。（無料～30万円）

自社の新商品や、新たな取り組み、事業提携など日々の営業活動においてニュース性の高い情報は、ニュースリリースサイトを活用して情報を発信します。

こちらのサービスの最大のメリットは、サービス提供サイト１ヶ所へ記事を投稿することによって、サービス会社が提携している複数のメディアサイトへ、一斉に案内されるという点です。

結果、ほかのメディア会社から、取材依頼がきたり、自社サイトへリンクをはってくれるサイトが増えるのでＳＥＯに効果的です。
弊社がいつもおすすめしているのは次のサービスです。
http://www.value-press.com/
無料サービスもあり、サポートメニューが幅広く充実しています。

・取引先に、事例として紹介してもらう。（無料）

取引先の「お客様の声」として掲載依頼がきた場合は、よほどのことがないかぎり惜しまずに協力して、「導入事例会社」として紹介してもらった方がよいでしょう。

当然、リンクをもらえるので、ＳＥＯの効果も期待できます。

また、何よりも、できる範囲で協力を惜しまずに行うということは、関係性も深くなりますし、新しい商売が生まれる可能性があるかもしれませんので、応えることをおすすめします。

また、可能であれば、リンクをもらう際は、上位表示を狙うキーワードを絡めたキーワードでリンクをもらうことをおすすめします。こちらの方がＳＥＯには、より効果的です。

（例）「お取り寄せ」で上位表示を狙っている場合、「お取り寄せの、〇〇〇ショップ」というキーワードでリンクをはってもらいましょう。

・検索結果の順位変動

ご存じの方も多いですが、検索結果の順位変動は頻繁に発生します。順位変動の原因は、なかなか特定できるものではありません。ただ、はっきり言えることは、何か特定の原因から発生するのではなく、**複数の要因から発生しているということです。**

つまり、順位が多少動いたとしても、焦らずに落ち着いて、対処することが大切です。集客力が落ちた時は、その分、リスティング広告への投資額を増やすことで集客力をカバーすることはできます。また、ＳＥＯという点においては、コンテンツを充実させ、多くの方に応援（リンクをはってもらうなど）してもらうためには、どうしたら良いのか？

といった長期的な王道を常に考え、実践することがおすすめです。

また、特に順位が動きやすいのは、「インデックス更新」というタイミングです。これは、検索エンジン各社が、常に行っている作業で、ヤフーは、http://searchblog.yahoo.co.jp/のスタッフブログで、その情報が公開されています。順位変動が起こっても、慌てて、場当たり的な行動をせずに、「今、行うべきこと」に集中して行動しましょう。

3. アフィリエイト広告で集客する

リスティング広告、SEOといった検索エンジンからの集客と同様に、重視しなければいけないのがアフィリエイト広告です。

早速、アフィリエイト広告の概要図をご確認ください。

簡単に解説しますと、アフィリエイト広告とは、購入・会員登録・資料請求といった、広告主が希望する成果を達成した時にだけ、事前に取り決めた一定の報酬額を、紹介してくれたアフィリエイトサイトへ支払うというサービスです。そのサービスの特性から「成果報酬型広告」などと呼ばれています。

正直、私は、アフィリエイト広告に対して、ずっと懐疑的でした。アフィリエイトサービス導入後アフィリエイトサイトが競合サイトに変わったり、一部のモラルの低いアフィリエイトサイトなどに、余計な費用を支払うということが発生したことがあったからです。

しかし……、今は、違います。

絶対に外せないサービスの1つとして位置付けています。

詳細は、第4章で解説しますが、ようするに、見る視点を変え、上手く活用することさえできれば、非常に投資効果の高いサービスの1つとなるのです。

サービス導入後の具体的な流れとしては、次のとおりです。

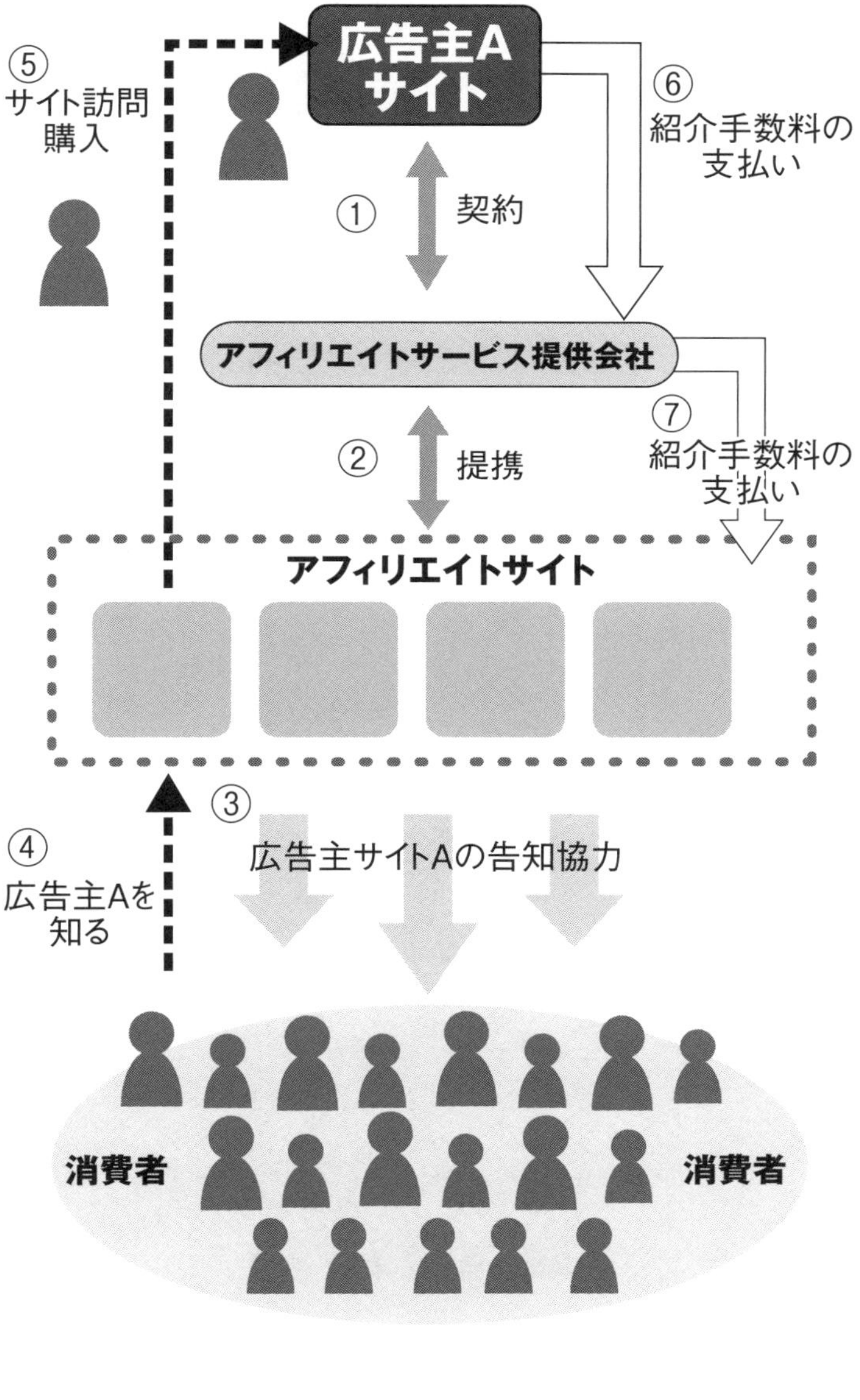
広告主A
サイト
⑤
サイト訪問
購入
⑥
紹介手数料の
支払い
①
契約
アフィリエイトサービス提供会社
⑦
紹介手数料の
支払い
②
提携
アフィリエイトサイト
③
広告主サイトAの告知協力
④
広告主Aを
知る
消費者
消費者

①アフィリエイトサイトに、告知協力（パートナー提携）の依頼をします。
②アフィリエイトサイトに商品の告知を行ってもらいます。
③消費者は、広告主のサイトを知ります。
④広告主のサイトへ訪問し、購入などの行動を起こします。
⑤広告主は成果が発生した分だけ、アフィリエイトサービス提供会社へ支払います。
⑥アフィリエイトサービス提供会社より、アフィリエイトサイトへ紹介手数料が支払われます。
以上が、全体の流れです。
同サービスの特徴を整理すると、次のとおりになります。
・ＣＰＯが決まっているので、リピート性の高い商品を販売する事業者にとっては予算の計画が立てやすい。
・運用次第では、非常に投資効果の高い広告になる。

逆に運用方法を誤ると、投資効果の低い広告になる。

・広告主の判断基準によって異なるが、ブランドイメージの低下につながるサイトや、薬事法を無視した提携サイトが存在する。

・サービス提供会社によって、提携アフィリエイトサイトの特性が異なる。また、営業マンの協力次第で、大きく成果が変化する。

・告知協力をしてもらえるかは、アフィリエイトサイトの判断次第なので、ほかの広告主と比較してみて、「売れない」「報酬料金が安い」と判断されると紹介してもらえないことがある。

・影響力のあるアフィリエイトサイトに告知協力してもらえるかが、重要となる。

多少のデメリットもありますが、それ以上に〝成果報酬〟という点に大きな魅力を感じ、

「利用したい」というのが多くのネット事業者の本音でしょう。
それでは、早速、実践方法について共有していきましょう。

〈具体的な実践方法〉

まずは、アフィリエイトサービス提供会社の選定からです。
当社が、いつも利用&ご案内しているのは、次のサービスです。

- **株式会社ファンコミュニケーションズ**

A8.net　http://www.fancs.com/

- **株式会社セプテーニ・クロスゲート**

クロスマックス　http://www.xmax.jp/

- **バリューコマース株式会社**

バリューコマース　http://www.valuecommerce.co.jp/

このほかにも、アフィリエイトサービス提供会社は、複数社あるので、ご自身の商品特性などを伝え、最適なサービスを選択しましょう。

また、いずれか1社に絞るのではなく、各社の特性を理解した上で、2社くらいの併用をおすすめします。

サービス提供会社の選定が終了しましたら、早速、具体的な内容に入ってみましょう。

まずは、〝選んでもらう〟ことが重要

当然のことですが、アフィリエイトサービスを導入しているサイト（以下、広告主）は、かなりの数になります。認知度の高いサイトや低いサイト、アフィリエイトサイトへ多額の広告費（報酬）を支払うサイトから、そうでないサイトまで、さまざまな広告主が存在しています。

〝広告主〟という立場から一度離れて、〝アフィリエイトサイト〟の立場になって考えて

みましょう。

もし、あなたが、広告主からの広告費だけで生活をしているアフィリエイトサイト運営者だったら、どのような視点で広告主を選びますか？

多くの方が、**「収益が期待できる広告主はどのサイト？」**

このような視点で、選んでいくのではないでしょうか？

ということは、必然的に、アフィリエイトサイトへの支払う広告費を、〝高く設定する〟という選択が近道になります（当然、損得だけでなく純粋に応援したいアフィリエイトサイトもありますが、少数と考えた方が現実的でしょう）。

あくまでも例ですが、当社がよく用いる手法は、「100%還元」です。

どういうことかご説明しますね。

仮に、1ヶ月2000円のリピート商材を販売していたとします。

この商品が、アフィリエイトサイトからの紹介で売れた際に、1件あたり広告費として2000円（初回購入分のみ）支払うのです。売上金額の100%をアフィリエイトに支払うのです。

「このようなことをして利益が出るの?」

そう思う方もいらっしゃると思います。私たちも最初は懐疑的でした。

ところが、やり方次第で、有効的な広告手法になるということがわかったのです。

そして、ここで大切なのが、本章の冒頭で解説しました顧客生涯価値になります。

100%還元は、顧客生涯価値を把握しておくことが絶対条件

ここで注意が必要です。

やみくもに、支払う広告費を高く設定してもビジネスは成功しません。大切なのは、顧客生涯価値を考慮して戦略を考えることです。

先程の例で解説しますね。

1ヶ月2000円の商品を100%還元でアフィリエイトサイトに協力してもらった結果……

・結　果：200件(人)の注文。

・売　上：200件(人)×2000円=40万円

・広告費：２０００円（１００％還元）×２００件＝40万円

ということになりました。

40万円の広告で、２００件の新規顧客が集まったワケです。

ここからが大切です。自社の生涯価値をしっかりと把握している人は、簡単です。

例をあげてみましょう。

（自社の生涯価値を把握している人）

「うちの場合、２００人いたら約20％の人は1年定期利用してくださるから……」

２００人×20％＝40人

「おっ！　広告費約40万円の投資で、

40万円（初回売上）＋　96万円（リピート売上）＝１３６万円　の売上が見込める」

「原価が、40％で、諸経費が、約5万円だから……」

「おっ！　36万6000円の利益だ」

「何とか、2年目以降も継続してもらえれば、しっかりとした利益が見込める！」

このようになるのです。

場合によっては、認知度の高い競合商品などがアフィリエイトの広告主として存在する場合、150％還元という手法を展開することも多々あります。

もし、あなたが顧客生涯価値を把握していない場合、100％還元は利用しない方が良いと思います。現状を把握した上で実践してみましょう。

このようにアフィリエイト広告の最大のメリットは、CPOを広告主が決めることができる、という点です。

「100万円の広告で、1件しか注文がこなかった……」

という広告は、実際にあるわけですし、そういう意味では使い方次第では、非常に有効的な広告と言えます。

さて、第3章では、投資効果と集客手法について共有してきました。

当然、集客手法は、本章で紹介した内容にかぎりませんが、王道と呼べる手法であることには変わりません。実際に試してみると、商材や業界内のポジションによって結果は、さまざまです。

最適な手法を、ぜひ探してみてくださいね。

それでは、第4章で運営手法について共有していきたいと思います。

第4章

効果的な運営方法を確立する

こちらの章では、効果的なサイト運営方法について共有していきたいと思います。

第2章の冒頭でもお伝えしましたが、ＥＣの王道方程式は次のとおりです。

集客力 × 成約力 × 魅力（リピート） ＝ お客様の評価（売上）

本書のテーマとしては、「集客」と「成約」が中心になります。


ただ、具体的な「手法」に入る前に、第1章の内容や、本書でご紹介させていただいた企業様の姿勢や考えを、思い出してください。

多くの方が、本書の手法的な部分に意識が偏りがちです。

もちろん、会社ですから稼ぐ責務はあります。

しかし、「手法」ばかりに主軸を置いていては、商売の本質から外れ、やがて顧客からも市場からも社員からも見放されてしまいます。私はこのようなサイトをいくつか見てきました。

本書を手にとってくださったあなたには、そのようにには、なって欲しくありません。運営手法やマーケティングといったものは、あくまでも、企業理念を達成するための手段でしかありません。くれぐれも商売の本質を忘れないようにしてください。

それでは、早速、本題のテーマに入ってみましょう。
本章は次のテーマで構成されています。

【集客】

・本当は、ここまで把握したい「集客効果測定」
・ＳＥＯとリスティング広告の補完関係
・アフィリエイト広告を利用する際に、忘れてはいけないこと

【成約】

・新規顧客化へ向けて
・顧客単価ｕｐへ向けて
・実践で役に立つサイト改善方法

【注意】

・メーカー企業が直販サイトを立ち上げる際の注意点

・TV通販とECサイトが連動する際の注意点

・月商1000万円以上のECサイトの注意点

まずは、当社がクライアント様のサイトをご支援する際に使用している基本行動計画を、お見せしたいと思います。

ぜひ、確認の上、ご自身のサイトの行動計画と比べてみてください。

サイト公開後の基本行動計画

「やっとの思いでサイトリニューアルが終わった」

「さてと、どのように集客を行っていこうかな」

「とりあえず、今月は、○○をやってみよう！」

このような、場当たり的に集客プランを設計する人が多いのではないでしょうか？

予算のほとんどを投資。

２ヵ月の結果から予算配分の強弱を決める。

継続対策

テスト種別	手法	1ヶ月	2ヶ月	3ヶ月	4ヶ月	5ヶ月	6ヶ月
集客	SEO	○					
	リスティング広告	◎	○	◎or○			
	アフィリエイト広告	-	◎	◎or○			
オファー	オファーA	実施					
	オファーB		実施		確定		
	オファーC			実施			
サイト	データ蓄積						
	仮説・検討	-	-	-	実施	実施	実施
	対策	-	-	-	-	実施	実施

行動する前に、1時間でも良いので計画を立てましょう。

簡単に解説しますね。まず、サイト公開後の3ヶ月間はテスト期間とします。

サイトのアクセス解析(※1)に関しては、公開後の2ヶ月〜3ヶ月は、データ蓄積期間とします。熟考して、設計&制作を行ったわけですから、よほどの悪い結果にならないかぎり、自信を持って放置です。

その間、「集客」と「オファー」にお金・時間・人的リソースを投入します。

まず、1ヶ月目はリスティング広告に広

告予算のほとんどを投資し、アフィリエイト広告はお休みです。SEOに関しては、瞬時に結果（順位や成約）が表れるものではありませんので、継続的に対策を行います。

そして、2ヶ月目には、今度は逆に、リスティング広告の予算を絞り、アフィリエイト広告に予算を投資します。

この2ヶ月間で、自サイトに最適な集客手法が見えてくるので、3ヶ月目には2ヶ月間の結果を元に、広告予算を配分します。

また、集客手法と同じく、オファー（※2）についても3パターンのテストを行います。4ヶ月目以降は、集客・オファーを固め、サイトや顧客フォローの改善などに資源を投下します。

このような流れで、行動計画を作成し、サイト公開後の基盤を構築します。

ただし、商品や業界内での立ち位置、外部環境によって、この行動計画は変わってきます。従って、修正が必要であればすぐに修正を行い、自サイトに最適な行動計画を考え作成することをおすすめします。

それでは、早速、本章のテーマにいってみましょう。

※1 アクセス解析……サイト訪問者のサイト内の行動履歴を分析し、サイト改修の仮説を検討する。
※2 オファー……新規顧客になってもらうために、送料無料や特別値引きなど特典の提案を行い、転換率を高める。

集客：本当は、ここまで把握したい「集客効果測定」

「いやぁ、集客の投資効果が落ちてきたな」

「もう手詰まりかな」

「なんとか、もう一段上にいきたい……」

という状況の方も、多いのではないでしょうか？

サイトが順調に成長していくと、成功していた手法が手詰まりになる段階が必ずきます。特にリスティング広告やＳＥＯをはじめとするネット媒体は、まだまだ黎明期なので早い段階で手詰まり感を覚える方が多いかもしれません。

その際の打開策の１つとして、次の視点をヒントにしてみてください。

A．顧客生涯価値への貢献度

B．購入単価ｕｐ貢献度

A「顧客生涯価値への貢献度」

こちらのテーマに関しては、第３章で解説したとおりですが、実は、ＳＥＯやリスティング広告といった集客の場合、一歩踏み込んだ測定が必要です。

理想は、キーワード毎の生涯価値を把握しておくことです。

「キーワード毎に何件、成約がとれたか？」までは測定しているようですが、実際には、キーワード毎にいくら売れて、**その顧客生涯価値はいくらなのか？**という視点が必要です。

リスティング広告提供各社が提供している管理画面では、キーワード毎の広告費用と成約件数と1顧客あたりの獲得単価（ＣＰＯ）が把握できます。

ですが……。1顧客あたりの生涯価値まではわかりません。

もう皆様はおわかりだと思いますが、第3章でも共有したように、適正な投資判断基準の方程式は、

Ⓐ1顧客あたりの価値（1人あたりの年間売上－原価－経費）＞Ⓑ1顧客化に必要とする投資額、でしたね。

つまり、提供されているレポートでは、正確な投資判断はできないということが理解できるかと思います。あらゆる手法をやりつくす段階になると、このような投資効果の把握

が絶対に必要になってきます。

B「購入単価up貢献度」

もう1つの視点で、キーワード毎に「購入単価ｕｐ」にどれだけ貢献してくれたのか？という測定視点も必要になる段階がきます。

これは、リピート性の低い商品や、顧客生涯価値云々ではなく、「今は1日が勝負、いや1受注が勝負！」という事業者の方にとっては非常に重要です。

簡単にお伝えすると、高い買い物をしてくれるキーワードはどれか？　という視点です。

生涯価値など見ている余裕はない、という時もあるでしょう。

そのような時には、購入単価をチェックする必要があります。

ほかにも把握しておきたい集客効果測定はありますが、まずは、この2つの測定基準を実践してみてください。

ただし、スタート段階からあれもこれもと複雑な解析をしすぎると、逆に労力の無駄になってしまう可能性があるため、どちらかというと、手詰まり感を感じてきた事業者におすすめしたい手法です。

集客：SEOとリスティング広告の補完関係

ＳＥＯとキーワード広告は補完関係です。

いまだに、「どちらかをやっていれば、それで良し」と考えている方がいるようですが、これは非常にもったいないことです。

検索エンジン利用者がどこをクリックするかなど、予測できません。「気分次第」としか仮説は立てられません。

かぎられた資源を投資するに当たり、予算配分の強弱を考慮するにしても、どちらも活用すべき手法です。

また、「補完関係」なので、両サービスの効果測定データをもとに、「補完」していく必要があります。

	検索キーワード ?	訪問数 ?	成約数 ?	成約率 ?
4	体臭	418人	3人	0.7%
5	加齢 臭	354人	1人	0.2%
6	加齢臭	273人	0人	0.0%

図1

具体的な例をもとに、早速、確認をしてみましょう。
次のデータは、消臭商材を取り扱っているサイトの効果測定画面データです。

データ提供にご協力くださったのは、株式会社興和堂さんです。

http://www.11kaigofuku.com/

図1は、リスティング広告とSEOの「体臭」「加齢臭」というキーワードの集客に対しての効果測定データです。

見ていただければわかるように、訪問数は非常に多いのですが、成約には至っていません。

続いて、次のデータを確認してみてください。

図2は、SEOのデータです。

	検索キーワード ?	訪問数 ?	成約数 ?	成約率 ?
40	加齢臭	7人	1人	14.2%
41	快互服	7人	1人	14.2%
42	臭わない靴下	28人	4人	14.2%
43	体臭　シャツ	7人	1人	14.2%
47	靴下　臭い	11人	1人	9.0%
48	消臭　靴下	26人	2人	7.6%

図2

「靴下」、「臭わない」「消臭」といったキーワードの組み合わせの成約率が、非常に高いことが理解できます。

ここにヒントがあります。

実は、SEOで効果を把握した後、リスティング広告の出稿を見直してみたところ、「靴下」「臭わない」「消臭」という組み合わせでは、出稿していなかったのです。

このように、SEOの効果測定データが蓄積されていくと、成約につながるピンポイントの複合ワードが把握できるようになります。

このデータをもとに、リスティング広告に出稿します。完全一致で出稿するなど、より絞り込んで出稿することで、投資効果を改善することが可能になります。

また、逆もしかりです。リスティング広告出稿中、想定外のキーワードで成約していた際は、SEOに活かします。SEO（自然検索結果）の順位をチェックし、最低でも5位以内を目指します。

このように、SEOとリスティング広告は相互補完系であることを理解し、実践していくことが重要になってきます。

集客：アフィリエイト広告を利用する際に、忘れてはいけないこと

「おっ、訪問数も注文も、順調に増えてきたぞ！　もう少し注文が伸びないかなぁ……」

アフィリエイト広告をスタートし、アフィリエイトサイトが順調に増加し、サイトへの訪問者も順調に増えた後、忘れてしまう大切な視点があります。

それが、見込み顧客の獲得です。

力のあるアフィリエイトサイトに協力してもらえると、1日に1万人、2万人といった訪問者の増加はよくあることで、やり方によっては5万人もの人が、1日に訪れます。

当然、すぐに購入しない人がほとんどです。ただ、「購入してもいいかも……」と前向きに考えた人もいるはずです。ところが、その多くの人が、1度サイトから離れてしまうと、サイトに訪問したことすら、忘れてしまいます。

そこで、訪問してくださった方に対して、こちらからアクションを起こし、再度、購入を検討していただくための仕組みを構築する必要があります。

一番早いのは、メールアドレスを登録してもらう仕組みではないでしょうか？

メルマガは、顧客とコミュニケーションをとるための唯一のプッシュツールです。上手く活用する必要があります。

メールアドレスを登録してもらうために、サイト訪問者が、喉から手が出るくらい高品質なメルマガを考えてみてもいいですし、単純にポイント付与などでもいいでしょう。

・まずは、〝登録しなければ〟と思ってもらえる訴求を行う。

・増加するサイト訪問者を、見込み顧客としてリスト化する。
・見込み顧客の方々に、購入していただけるように再アプローチを行う。

ご自身にとって、最適な見込み顧客リスト化対策のテストを繰り返しながら築き上げてみてください。

続いて、成約について確認をしていきたいと思います。

成約：〝成約〟について考えてみる

「集客が増えても、売上につながらない……」

運営を続ければ続けるほど、ＥＣ事業者の悩みは後を絶ちません。

そもそも、しっかりサイトをつくりこんだ後、〝成約〟の対策を行うにあたり、何を行えばよいのでしょうか？

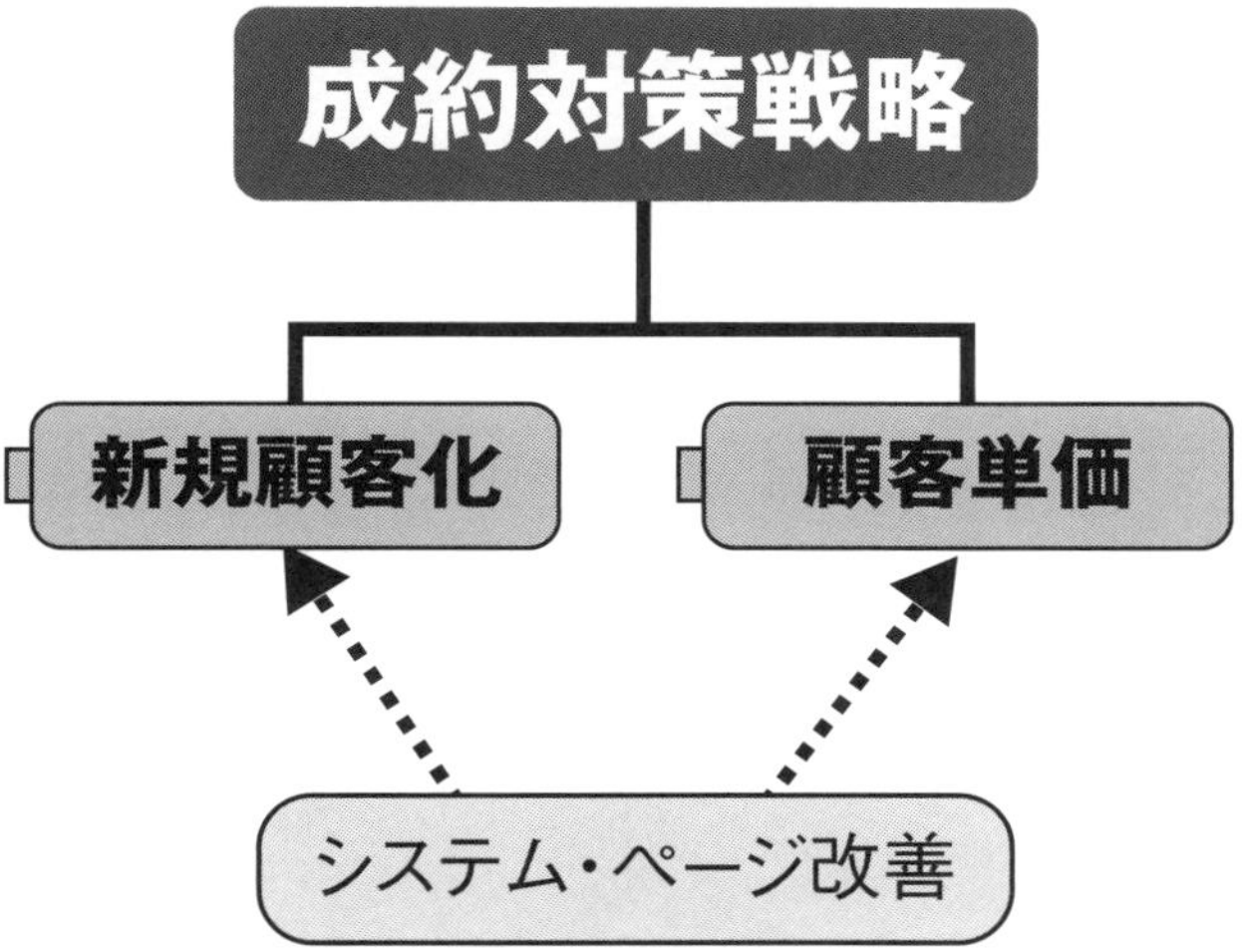

　成約についてシンプルに考えた場合、まず、はじめに検討すべき項目は、『**新規顧客化**』と『**顧客単価**』の2つの視点が中心になります。

　そして、これらを実現するために、ページの改善やシステムのバージョンアップを展開する必要が出てきます。

　本来であれば、事前にサイト訪問者の行動パターンとゴールを設定し、サイト内の行動履歴をデータで把握し、評価項目と照らし合わせ、改善を進めていくのですが、初期段階では、売上に直結する部分から改善していくべきでしょう。

　では、早速、確認していきたいと思います。

成約：新規顧客化へ向けて

あなたのサイトでは、【新規顧客化】の戦略はお持ちですか？「樹」の法則に準拠したサイトを構築しても、そう簡単に結果がついてこないということはよくあります。

そこで大切になってくるのが、【新規顧客化】に必要な戦略です。新規顧客化戦略の基本をおさえるために大切な要素を分解してみると、次のイメージになります。

・見込み顧客リスト化

第3章のアフィリエイトでも少し触れましたが、こちらは「新規顧客化」の対策を行う上で大切な要素の1つです。サイトに訪問してくださったお客様へ、再度アプローチをして購入していただく、という一連の流れを構築することができれば、集客数の増加は、おのずと新規顧客の増加につながります。

見込み顧客のリスト化に関しては、メルマガ会員というフックもありますし、資料やカタログ請求を受け付けて、連絡先を登録していただく、という手法も1つです。

連絡先を登録してもらうために、アプローチ方法を考えるとすれば、

・悩みの解決方法という「ソフト」を無料で提供して、解決するための「ハード」の販売につなげる。

・どこよりも早く新商品の情報と特典を提供するという投げかけの方が、〝悩みを解決したい〟〝商品を知りたい〟という真剣なユーザーを集めることが実現できます。

見込み顧客の数を集めることが目標ではなく、あくまでも「商品購入」へと進んでもらうことが目的ですから、その点を間違えないように心がけましょう。

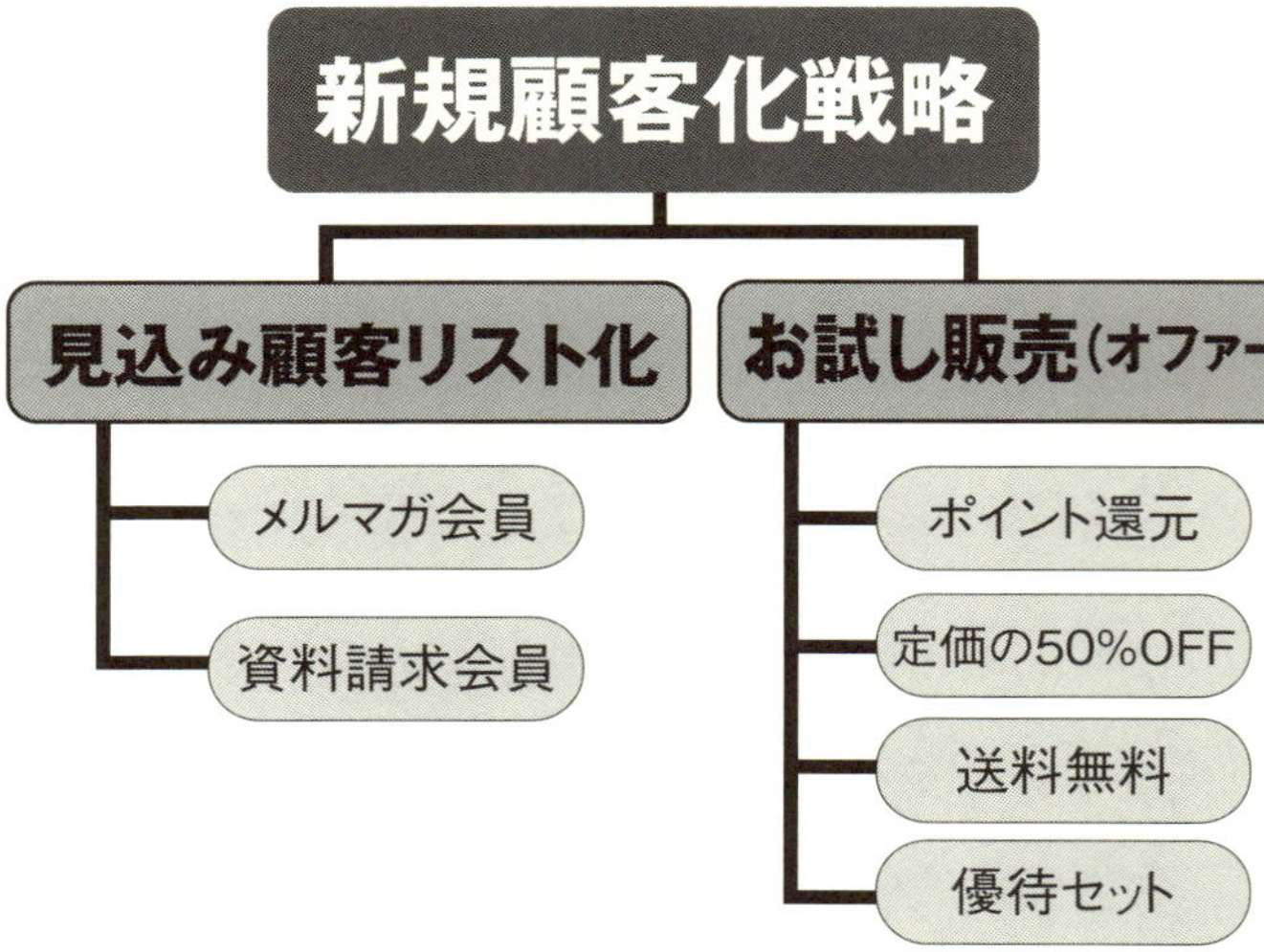

・「お試し」販売

「お試し商品」とは、第4章でお伝えした「基本行動計画」のオファーに該当します。

つまり、あなたのサイトから、はじめて商品を購入しようと検討している人へ〝お買い求めやすく〟を目的とした商品を指しています。

例えば、先程の基本行動計画書の「定価の50％ＯＦＦ」を例にして考えてみましょう。

販売価格３８００円の商品Ａがあるとします。

商品Ａはリピート率が非常に高い商品

なのですが、既存のお客様にインタビューしてみたところ、

「商品の認知度が低いので、どうしても初めて購入する際に躊躇《ちゅうちょ》してしまう」

という意見を多くいただきました。

リピート率には自信があるワケですから、初めて購入する際は、躊躇せずにとにかく体験してもらいたいものです。

このような場合、新規購入化対策の1つとして「新規（初回）購入者限定」という投げかけを行ってみるのも手です。

50％ＯＦＦの他にも、値引き販売の代わりに、ポイント還元で訴求する方法もあります。

また、体験してもらいたい商品が単品ではなく、複数商品存在する際は、「初回特別セット」や「初回ご優待セット」として、複数商品をディスカウントして提案してみるのも、1つの方法です。

その他にも、送料無料という特典を付与するやり方もあります。

最後に、もう1度、147ページの「基本行動計画」を確認してみてください。

「オファー」の部分を見てみると、A、B、Cと3パターンテストを行っています。

1つの手法で満足せずに、必ず一定期間はテストを行い、もっとも反応の高かった手法を選択してみてくださいね。

それでは、もう1つのテーマである『顧客単価』に進みたいと思います。

成約：顧客単価upへ向けて

さて、新規顧客化の対策がひと息ついた後は、顧客単価の対策に入ります。

顧客単価における対策の基本は、アップセルとクロスセルです。

よく耳にすることもあると思いますが、それぞれの意味を共有していきましょう。

アップセルとは、さらに上の商品を販売・提案すること。クロスセルとは、ほかの関連商品を販売・提案することです。

単純に考えると、顧客単価upの基本は、この2点です。

実は、これらの手法はリアル店舗では既に当たり前に行われています。

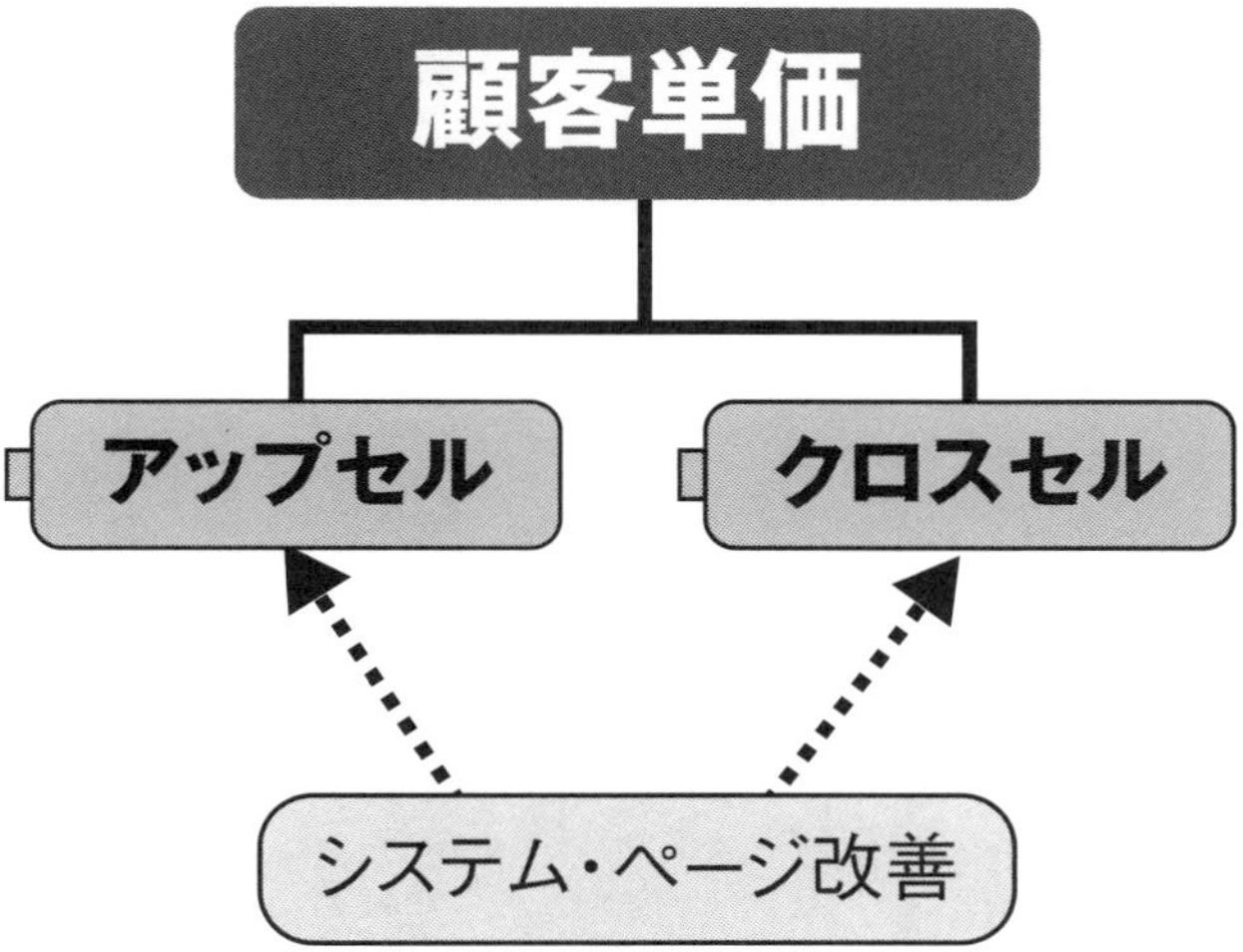

例えば、クロスセルであれば、ファーストフード店で会計の際によくある
「ご一緒に、ポテトやお飲み物はいかがですか？」

というやつですね。

また、アップセルであれば、ゴルフ用品などで筆者は経験があります。

「こちらの商品も優れているのですが、もうワンランク上の中級者向けのこちらの商品も試しに打ってみますか？」

というような流れで、気が付けば、当初購入予定のクラブよりも、ワンランク上のクラブを購入し、気分的には大変満足していた……、というケースです。

消費者の幸せが広がる素晴らしい商品を、世に広めるという行為は、企業の「使命」だと筆者は考えていますので、ぜひ、導入を検討しなければいけないと考えています。

では、ＥＣサイトにおいて、どのように実践すればよいのでしょうか？

具体的なサイト運営方法について確認をしていきましょう。

ＥＣサイトにおけるアップセル・クロスセルの仕組み

それでは、ＥＣサイトにおけるアップセル・クロスセルの仕組みを共有したいと思います。

まず、はじめに、アップセルの仕組みですが、経験値からお伝えしますと、ファーストフード店と同じく、お会計時の提案がもっとも効果的です。

ようするに、カートに商品を入れた瞬間です。

この瞬間に、もうワンランク上の提案を行うのです。

弊社の経験から言うと、カートに商品を入れた約30％の人は、提案内容を確認してくれます。その後の成約に関しては、提案内容により異なります。

この手法は、健康食品や美容商品のような、定期商品の取り扱いがある企業にとっては、非常に効果的です。


次にクロスセルの仕組みについて考えてみましょう。

わかりやすく参考になるサイトは、Amazon.jpだと思います。

やはり、アップセルと同じく、商品をカートに入れた際に、「この商品を購入した方は、こんな商品も購入しています」と提案をしてくれます。


なぜ、こうも、私の興味のある商品を提案してくれるのか？　といつも唸ってしまうワケですが、これらは過去の膨大な受注データから、商品Aと一緒に購入される、興味を持たれる商品群を解析し、提案してくれているのでしょう。もちろん、自動で。

このような仕組みを持つことによって、属人的にならず、勘に頼らずに、安定した成果を追究することができます。

ただ、システムだけでは、顧客を満足させられない部分は想像以上にあると考えています。

例えば、新商品の案内です。

このような場合は、やはり、データに縛られない「バイヤー」として感性を軸とした提案というのも必要になってくるのではないでしょうか？

成約：実践で役に立つサイト改善方法

「もう、いい加減、どこをどう改善したら良いのか、わからない……」

「効果測定のデータを見ても、わからなくなってきた……」

サイト運営を続けていると、このような無限ループに突入することがあります。

ここでは、実際に行ったサイト改善プロセスをご紹介したいと思います。

早速、確認をしてみましょう。

情報提供に協力してくださったのは、株式会社ドクターシーラボさんです。

ご存知のとおり、ドクターズコスメ市場を創造された企業です。
まず、はじめに、修正前と修正後のページ（170ページ）をご確認ください。
結果は、閲覧時間が3倍に増え、カートへの遷移も、2・7倍に増えました。

どのようなプロセスで、ページが完成したのかを、ご紹介したいと思います。
シンプルにお伝えすると、第2章でご紹介した「樹」の法則に準拠した形で、情報整理を行った。これにつきます。

そもそも、ドクターシーラボさんの誕生は、皮膚科クリニックであるシロノクリニックが、「肌本来の自然治癒力を高めて、結果を出すスキンケア」というコンセプトを掲げ、クリニック内で薬を処方していたことがきっかけで、クチコミが広がり、皮膚の専門家の視点で企画開発をすすめていったことが、同社の設立につながりました。

したがって、商品すべてに、次のような軸がしっかりされています。

修正後（実際のページの3分の1の画像）

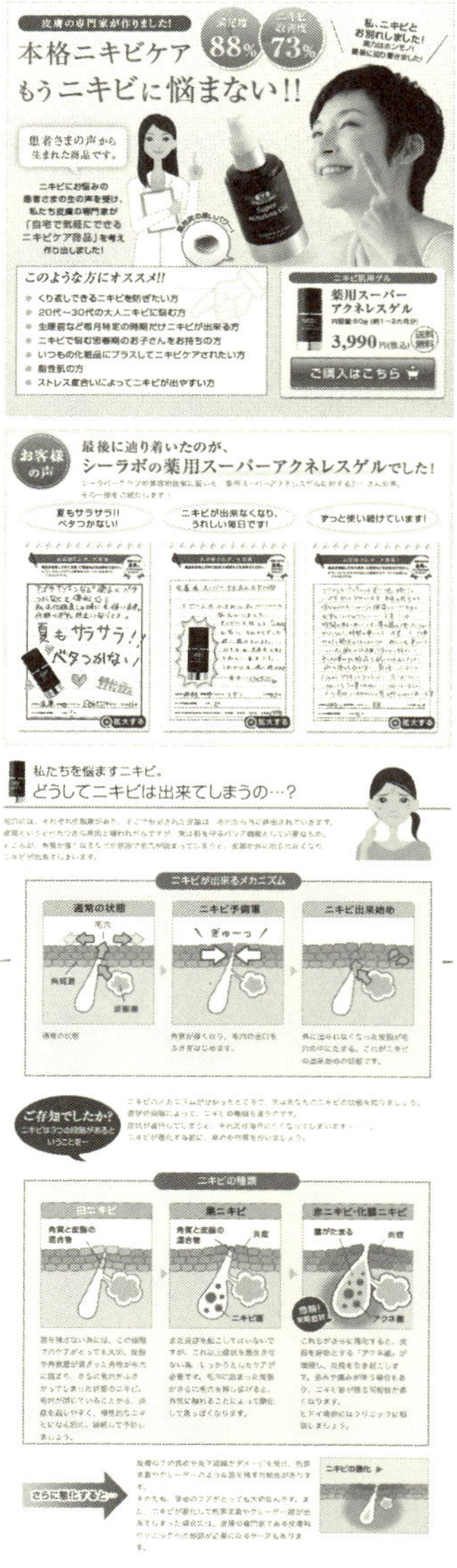

修正前

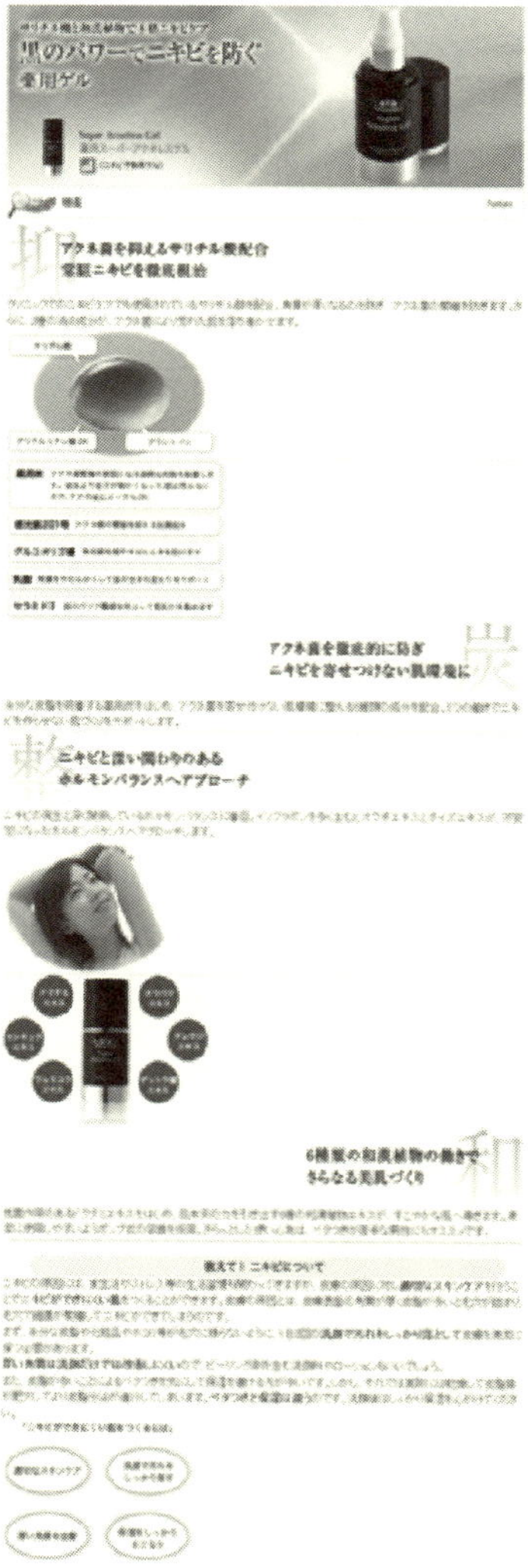

①シンプルであること
②肌にやさしい成分であること
③肌のメカニズムを見つめること

このような思想から商品提供を行っているので、**ありのままの姿をわかりやすく伝える。**

これがページ修正の軸でした。


EC担当の方と一緒に行った具体的な作業は、必要な部署への地道なインタビューでした。当時の商品企画に携わった方や、商品開発責任者、サポートセンター、さらにはシロノクリニックの先生にもインタビューを行いました。

まさに「宝の山」。

商品紹介資料からはキャッチアップできない、実にさまざまな情報を得ることができました。

このように、「宝の山」が社内に埋もれている企業は少なくありません。

熱心な事業者にかぎって、〝改善〟に気をとられてしまいがちですが、時には、〝改善〟から離れ、社内に目を向けてみることも大切です。

このような活動によって、顧客からみた〝新しい価値〟を発見することができるはずです。

注意：メーカー企業が直販サイトを立ち上げるにあたって

最近、業界や規模の大小に関係なく、製造メーカー企業様から直販サイトについてのご相談が増えています。これまで、様子を見ていたメーカー企業も、インターネットを活用した商品の流通に対して、真剣に動き始めているということを肌で感じています。

メーカー企業のＥＣサイト参入についての理由は、次の３つに分類されています。

１）他の〝流通〟が厳しく、直販一本に集中するためにＥＣサイトに専念する。

2）流通の1つとして無視できないので、ノウハウ蓄積のために、まずは立ち上げる。
3）将来を考え、既存流通を考慮しつつ、将来的にECにシフトしたい。

それぞれの状況によって、選択すべき道や手法は異なりますが、必ず問題になることがあります。

それは、既存流通への配慮から生まれる〝制限〟です。

メーカー企業がECサイトを立ち上げる際に注意すべきは、やはり、既存流通との関係性です。流通形態の1つとしてインターネットがあるわけですから、ほかの流通網を崩す存在になってしまっては、元も子もありません。

しかしながら、これによって、「〜〜はできない」とできない理由探しに意識が集中してしまっては、何も得られずに、中途半端に終わってしまいます。

やはり、既存の流通に配慮しつつ、直販を行うのであれば、直販用のオリジナル商品を開発するなど、極力、制限を排除した状態で真剣にチャレンジすることが必要になってくるのではないでしょうか？

注意：TV通販とECサイト　―消費者の動き―

２００４年より、ＴＶ通販連動のＥＣサイトを運営させていただき、学ばせていただいたのが、ＴＶなどの媒体利用時の、ＥＣサイト運営の注意点です。

不思議ですが、ＴＶへ広告出稿するほとんどの企業が、広告を目にした消費者は、すべて自社サイトに訪れると信じています。残念なことですが、それは思いこみです。

ＴＶをはじめとするマスメディアから情報を入手してネットに流れる消費者心理は、〝買いたい〟の前に、入手した情報を〝調べたい〟・〝確かめたい〟です。

これが、ネットユーザーの特性です。

実際に、次のようなことがあります。

クライアント様のサイトを調べていると、積極的にＴＶ広告を展開している競合企業名で検索し、クライアントサイトに訪れ、購入する、というケースが増えているのです。

つまり、企業ではなく、商品ジャンルに興味を持ちネットに流れ、一番納得したサイト（企業）で購入するという消費者行動が増えているということを証明してくれているのです。

したがって、「ネットは単なる受け皿」と考えるのではなく、ＴＶなどのマスメディアからネットに流れる消費者の特徴を抑え、上手く連動させることが大切になってくるのです。

注意：ＴＶ通販とＥＣサイト　―競合サイトの動き―

ＴＶ活用時には、消費者行動のほかに、もう1つ大切なことがあります。

それが、競合サイトの動きです。せっかく、マス広告を展開したのに、〝あとの祭り状態〟になってしまう企業が多いようです。

具体的に、注意すべきは、「流すキーワード」です。

ＴＶ出稿時に、**どのようなキーワードを流すのか？　を、事前に考えることが必要です。**

なぜ、そのようなことが必要になるのでしょうか？

その理由は、消費者の行動パターンを考えてみればわかります。

先述のとおり、ネットユーザーの多くは、TVをはじめとするマス媒体の影響を受け、「検索」という行動が生まれます。この行動特性を考慮し、競合サイトは動くのです。

具体的に確認してみましょう。

あなたが商品Aの認知度を高めるために、TVを利用したとします。

すると……

「商品A」で検索をしてみると、何と、競合サイト「X社」のページが上位に表示されています。さらに……商品の卸し先である、「O社」も同様に上位表示していて、リスティング広告も出稿しています。


さらにさらに……

応援者であるはずのアフィリエイトサイトも、SEOやリスティング広告を利用しており、困ったことに、ページでは、あなたの「商品A」だけでなく、競合でもある「X社」

も「Z社」の商品も応援しているのです。

このように、実にさまざまな視点で、競合サイトが生まれたり、動き出したりします。

さて、では、ネットユーザーの立場になってみましょう。

このような状況で、「商品A」を調べようと検索結果を見た瞬間、ネットユーザーは、どのような印象を受けるでしょうか？

「同じような商品は、いくらでもあるのだな」

という心理にならないでしょうか？

つまり、TV放映企業のサイトで〝買う理由〟が薄れてしまうのです。

このようになる前に、TV広告出稿時には、最低限以下のテーマについて、事前に協議してから、展開することをおすすめします。

・TV広告出稿前に、流すキーワードを熟考する。
・競合対策を考え、検索エンジン対策をしっかり行っておく。

・サイト上で提供すべきコンテンツを準備する。
・可能であれば、販路は自社直販のみで勝負する。または、通販限定商品（特典）を開発する。

注意：月商1000万円以上のECサイト

さて、いよいよ、最後のテーマとなりました。

こちらでは、サイトの第2成長期へ向けた注意点を共有していきたいと思います。

ECサイト公開から、ある一定期間は、立ち上げメンバーのマンパワーで何とか持ちこたえることが可能です。しかし、月商700万円～1500万円になってくると、最初の壁が立ちはだかります。

「見直し」の時期がくるのです。

まず、はじめにくるのが、リソースの問題です。

マンパワーの限界から、頭を動かすべき人が、手を動かす作業だけに追われてしまい、業務の優先順位付けに少しずつズレが生まれてきます。

人員を増強しても、手を動かすことが習慣化されているため、本質的な解決にならず、成長が停滞してしまいます。これは、ＥＣ事業にかぎったことではなく、会社を経営する身としては、筆者も耳が痛い内容ですが、他人のことは見えても、自分のこととなると、見えなくなるから不思議です……。

さて話が、脱線したので戻しましょう。

考えるべき人が作業者になってしまった状況で、目先のマンパワーからの脱却に必要な仕組みづくりや、システム・デザイン再構築に動いても、動かして半年もしないうちに、限界をむかえてしまうことが多いようです。

このようなことが起こってしまっては、とり返しがつきません。

事前に回避するためには、信頼できる外部パートナーに委託するという方法もありますが、社内で解決する方法もあります。

もし、社内での解決策を模索されるのであれば、中長期的な戦略を持った「見直し」ができるように、1度、止まってみることです。

具体的には、代表者や責任者、もしくはプロジェクトメンバー全員が、一旦、今の作業から離れ、可能であれば、職場からも離れてみることです。

場所も、時間も、風景も、日常から離れることができる場所へ移動し、「見直し」の方向性を考えることからスタートしてみてください。

普段、考える余裕がないだけで、環境さえ準備すれば、きっと素晴らしい方向性が定まります。

数年先の戦略設計に、たった1日や2日の投資であれば、決して高い投資ではないはずです。

消費者の幸せを願う皆様の「心」に、答えは必ず存在します。

ぜひ、1度検討してみてはいかがでしょうか？

【おすすめサービスや書籍】

最後に、本書の中で、ご紹介できなかった、おすすめサービスや書籍をまとめてみました。

（サービス）

『薬事法広告研究所』　DCアーキテクト株式会社　http://www.89ji.com/

薬事法のチェックにはじまり、薬事法のセミナーや最新情報を提供してもらえるサービスです。サイトの1ページからチェックしてもらえるので、とても助かります。オーダーメイドのプランもあり、会社のステージにあったサービスメニューが用意されていることも、非常におすすめです。動きが激しい「薬事法」と付き合っていく必要がある企業にとっては、心強いサービスです。

『コピーライター養成講座』　株式会社宣伝会議　http://copy.sendenkaigi.com/

「商品」や「サービス」の表現に携わるすべてのビジネスパーソンにオススメしたいサービスです。50年以上の歴史を持つ同講座の卒業生は、第一線で活躍するトップクリエイターをはじめ、広告会社や制作会社で活躍する多くの人材を世に送っている、業界内では知名度・実績№1のサービスです。物事の本質を捉え、表現する力を身につけることができるのが、何よりも魅力。コピーライターになりたい人だけでなく、むしろ、これからの時代、Ｗｅｂ担当者には必須のサービスです。

（書籍）

◉マーケティング全般

『仕組みで「売る」技術』白川博司　著（ビジネス社）

通販ビジネスの総合解説書です。

ご存じ、カリスマ通販コンサルタントの白川先生のご著書です。

具体的な事例もあり、通販に携わるすべての人に読んでいただきたい良書です。

『お客のすごい集め方』阪尾圭司　著（ダイヤモンド社）

本書の「樹」の設計のベースになっているのが、この書籍です。
チラシやWebサイトなど、自社で制作している方にとっては必読の書です。

『社長が知らない秘密の仕組み 業種・商品関係なし! 絶対に結果が出る「黄金の法則」』 橋本陽輔 著(ビジネス社)

健康食品通販最大手の「やずや」の顧客フォローの仕組みを学ぶことができます。
売上構成要素の「魅力」は、こちらの書籍を一読ください。目から鱗です。

『1億稼ぐ「検索キーワード」の見つけ方儲けのネタが今すぐ見つかるネットマーケティング手法』 滝井秀典 著(PHP研究所)

検索キーワードの王道書籍と言えば、本書しかありません。
検索エンジンマーケティングを実践する人にとっては必読の書籍です。

『最少の時間と労力で最大の成果を出す「仕組み」仕事術』 泉正人 著(ディスカヴァー・トゥエンティワン)

ＥＣ事業にかぎらず、企業が成長すれば成長するほど、業務範囲と量は膨れ上がります。本書は、社内の業務効率を徹底的に追及した泉さんが、そのノウハウを余すところなく公開されています。

『消えるサイト、生き残るサイト「ＳＥＯ11の戦術」で、絶対に生き残れ！』宇都雅史　著（ＰＨＰ研究所）

ＳＥＯの王道書籍です。氾濫するＳＥＯの情報に踊らされず、本質的なＳＥＯをテーマに解説しています。時代に左右されない内容となっているので、ＳＥＯを真剣に学びたい事業者にとっては必読の書です。

◉本質をとらえる

『奇跡のリンゴ―「絶対不可能」を覆した農家・木村秋則の記録』石川拓治　著（幻冬舎）

「絶対不可能」を覆した農家、木村秋則さんの記録です。

「無農薬によるリンゴの栽培」という奇跡を成し遂げた実話は、あらゆるビジネスパーソンの心を打つことでしょう。

『人生の目覚まし時計』　富田欣和　著　（PHP研究所）

著者の富田さんが経験された実際にあった物語です。

「素の自分」「恐れを持つ自分」「無理にフタをした過去の自分」このような〝自分〟と自然に向き合いたい方へ特におすすめしたい書籍です。

『戦わない経営』　浜口隆則　著　（かんき出版）

10年間、起業家を支援してきた著者である浜口さんのベストセラーです。

起業家にとって、大切なテーマのすべてが、シンプルに、心に響くメッセージでまとめられています。

あとがき

本書の企画の第一歩は、「懺悔《ざんげ》」からでした。

当社では、ＥＣサイトをメインに、業績拡大に必要な集客ノウハウや戦略構築・運営代行といった「ソフト」と、マーケティングを考慮したシステム・サイト構築などの「ハード」を、総合的に提供しています。

正直に申し上げて、当社が設立されてからの６年間を振り返ってみると、結果的に、クライアント様の期待に応えることができなかった案件もありました。

執筆に入る前に、これまでの経験を体系化していくうちに……

取材を繰り返すうちに……

いかなる理由があっても、残念な結果になってしまったクライアント様が、１社１社浮かんできました。

本書の内容は、「失敗」と「成功」という「陰」と「陽」の体験がなければ、この世に生まれることはできませんでした。

「失敗と成功」を細かく分析していくうちに、「選ばれ続ける企業の本質」が見えてきました。

そして、本書に必要なテーマが見えてきたのです。

契約前から、失敗の可能性が高いと感じたクライアント様もいました。どんなに良い戦略や戦術を持ったとしても、それらを活用する「企業の本質」がしっかりしていなければ、良い結果は得られません。また、このことを直接クライアント様に伝えることに対して、躊躇《ちゅうちょ》した時期もありました。


また、「企業」がしっかりしていれば、表現方法のコンセプト設計も、しっかりとしたものが固まり、期待どおりの結果を得られる可能性が高いのは事実です。

本書の前半部（第1章、第2章）が、このテーマになります。ちなみに、このテーマは、ECサイトにかぎったことではなく、営業資料や営業トーク、広告素材など、あらゆる表現ツールにおいて、参考になるはずです。

正直、成功事例の整理はモチベーションが上がりますが、「懺悔」の作業は、心が痛い。しかしながら、「本物の企業」である当社クライアント様と、日々接していると、目をつぶりたい過去と、正面から向きあうしか選択はありませんでした。

現在・過去問わず、これまで、当社とご縁をいただきましたクライアント様には、本当に感謝の気持ちでいっぱいです。

これからも、共に成長できるクライアント様を1社でも多く応援し、素晴らしい商品の流通を増やせるよう精進していきたいと思います。

最後になりますが、本書を出版するにあたり、多くの方に、ご支援をいただきました。全員のお名前を挙げることはできませんが、感謝の気持ちに変わりはありません。

2年間という長きにわたり、出版というテーマにかぎらず、大きな気づきを常に提供してくださった株式会社オープンマインドの児島慎一さん。そして、出版の機会を提供してくださっただけでなく、本書の本質を誠心誠意、理解してくださり、形にしていただき、筆者のプロモーション計画を快諾いただいた株式会社ビジネス社の瀬知洋司さん、武井章乃さん、ダイヤモンドオンラインの執筆機会をくださった、株式会社ダイヤモンド社の高野倉俊勝さん、田上雄司さん。そして、お忙しいところ、心よく取材に協力してくださった各社様。本書の装丁を担当してくれた弊社メンバー（峪村さん、東根さん）本当に、多くの方より支援をいただきました。ありがとうございました。

そして何よりも、クライアント様と弊社メンバーの地道な努力がなければ、本書は世に誕生することはできませんでした。特に、本書での掲載を快く引き受けてくださったクライアント様、本当にありがとうございました。

さらなる上を目指し、共に成長し、結果というかたちで恩返しすることを、約束いたします。引き続き、今後とも、宜しくお願いいたします。

最後に、本書を最後まで読んでくださった皆様、本当にありがとうございます。

本書がきっかけとなり、皆様の素晴らしい商品の流通が、今以上に増え、幸せな世の中に、一歩でも二歩でも近づくことを心より、お祈りしています！

次回は、メルマガやセミナーでお会いしましょう!
企業ホームページ　http://www.ibf.co.jp

2010年5月14日

宇都雅史

●著者略歴

宇都 雅史（うと・まさし）

インターネット・ビジネス・フロンティア株式会社代表取締役。

21歳の時、保証人をしていた父親の会社が倒産。倒産後の処理を手伝う。

東海大学法学部卒業後、コピー機販売、ネットベンチャー企業を経て2004年同社設立。「素晴らしい商品とサービスの流通を増やし、世界中を幸せにします。」という経営理念のもと、クライアントのECサイトを実際に運営しながら、ネット事業者・通販事業者に必要な「コト」と「モノ」を研究し続けサービスを提供している。

SEO・リスティング広告などの集客にはじまり、戦略的Webサイト構築・運営業務・ECシステム構築に至るまでの総合力を武器に、テレビ通販、健康食品、サプリメント、コスメ、出版社、ファッション、歯科、研修サイト、カタログ通販など、これまでに幅広い業種のクライアントの業績拡大に貢献している。著書に、『消えるサイト、生き残るサイト』（PHP研究所）がある。

企業ホームページ　http://www.ibf.co.jp
世界に誇れる日本の会社　http://www.good-corporation.jp

＜プロデュース＞株式会社オープンマインド

なぜ、あの会社だけが選ばれるのか？

成功し続ける会社がやっているたった3つの仕組み

2010年7月1日　第1刷発行
2013年5月11日　第3刷発行

著　者　宇都 雅史
発行者　唐津 隆
発行所　株式会社ビジネス社
〒162－0805　東京都新宿区矢来町114 神楽坂高橋ビル5階
電話　03（5227）1602（代表）
http://www.business-sha.co.jp

〈カバーデザイン〉峪村美帆
〈本文DTP〉茂呂田剛／佐藤ちひろ（エムアンドケイ）
印刷・製本／中央精版印刷株式会社
〈編集担当〉武井章乃　〈営業担当〉山口健志

ISBN978-4-8284-1592-5